21世纪 新形态教·学·练
一体化系列丛书

C语言项目化教程

微课视频版

◎ 徐舒　周建国　编著

清华大学出版社

北京

内 容 简 介

本书通过精心设计的游戏案例讲解 C 语言，让读者感受到程序设计的乐趣和魅力。全书共 11 章，分别为 C 语言概述，数据类型、运算符与表达式，选择结构程序设计，循环结构程序设计，数组，函数，指针，结构体，字符串，文件和综合应用等，书中的每个知识点都有相应的实现代码和实例。

本书既可以作为全国高等学校本科生"C 语言程序设计"课程的教材，也可以作为编程爱好者的自学辅导书。

本书封面贴有清华大学出版社防伪标签，无标签者不得销售。

版权所有，侵权必究。举报：010-62782989，beiqinquan@tup.tsinghua.edu.cn。

图书在版编目(CIP)数据

C 语言项目化教程：微课视频版/徐舒，周建国编著. —北京：清华大学出版社，2022.9(2025.1 重印)
(21 世纪新形态教·学·练一体化系列丛书)
ISBN 978-7-302-61028-1

Ⅰ. ①C… Ⅱ. ①徐… ②周… Ⅲ. ①C 语言－程序设计－教材 Ⅳ. ①TP312.8

中国版本图书馆 CIP 数据核字(2022)第 098446 号

责任编辑：陈景辉 张爱华
封面设计：刘 键
责任校对：徐俊伟
责任印制：丛怀宇

出版发行：清华大学出版社
　　　　　网　　　址：https://www.tup.com.cn,https://www.wqxuetang.com
　　　　　地　　　址：北京清华大学学研大厦 A 座　　　邮　　　编：100084
　　　　　社　总　机：010-83470000　　　　　　　　　邮　　　购：010-62786544
　　　　　投稿与读者服务：010-62776969，c-service@tup.tsinghua.edu.cn
　　　　　质量反馈：010-62772015，zhiliang@tup.tsinghua.edu.cn
　　　　　课件下载：https://www.tup.com.cn,010-83470236
印　装　者：三河市龙大印装有限公司
经　　　销：全国新华书店
开　　　本：203mm×260mm　　印　张：15.25　　　　　　字　　　数：392 千字
版　　　次：2022 年 9 月第 1 版　　　　　　　　　　　印　　　次：2025 年 1 月第 5 次印刷
印　　　数：4901～6900
定　　　价：59.90 元

产品编号：093549-01

PREFACE 前言

党的二十大报告强调"必须坚持科技是第一生产力、人才是第一资源、创新是第一动力,深入实施科教兴国战略、人才强国战略、创新驱动发展战略,开辟发展新领域新赛道,不断塑造发展新动能新优势"。

C语言是一门面向过程的计算机编程语言,功能强大而灵活,简洁高效,广泛用于系统软件与应用软件的开发。C语言语法简单,学习成本小,初学者能在较短的时间内快速掌握编程技术,所以C语言是大部分程序员学习的第一门语言。

但是传统的C语言学习课程都将主要的精力放在对C语言语法细节的介绍上。学生们从一开始就陷入琐碎的细节之中,无法感受到编程的乐趣。即使费了九牛二虎之力掌握了基础知识,也无法写出能解决实际问题的程序,更谈不上掌握编程思维。本书通过"微项目"在简化的环境中介绍编程。本书设计的"模拟电子屏"构成的"微项目"就像围棋一样,规则虽然非常简单,但却能衍生无数新内容,可以充分激发读者的想象力和创造力。通过"模拟电子屏"项目学习编程,读者的学习效率将非常高,能够快速掌握基础知识,并完成很多经典的游戏。整个学习过程体验非常好,就像一场探索旅行。在完成几个经典的游戏之后,读者会发现,只需要掌握少量的基础语法知识,就能完成各种有趣的小游戏。

本书主要内容

本书共分为11章,各章主要内容如下。

第1章介绍了程序及程序设计的基本概念和集成开发环境的使用,并且通过简单的案例介绍C语言程序的基本结构和特点。

第2章介绍了数据类型、运算规则,如何读取和操作数据。

第3、4章分别介绍了选择结构和循环结构。

第5章介绍了数组的定义、引用,以及数组的应用。

第6章介绍了函数的定义和调用,以及利用函数进行模块化设计;并且介绍了经典游戏设计的框架,利用框架可以快速实现各种小游戏。

第7章介绍了指针的概念以及指针与数组、函数之间的联系。

第8章介绍了结构体的基本概念,结构体的定义、引用和初始化,并介绍了链表的概念和常用操作。

第9章介绍了字符串的定义、存储和使用,以及字符串常用函数,并介绍了字符串与指针之间的联系。

第10章介绍了文件的概念和文件常用操作。

第11章为综合应用，利用C语言第三方图形库设计并完成经典的 Flappy Bird 游戏。

本书特色

（1）在本书设计的"模拟电子屏"辅助学习项目中，只需点亮和关闭"屏幕"上的"灯"等4个简单的函数指令，就可以构建"贪吃蛇""俄罗斯方块""飞机大战"等经典游戏。

（2）语言简洁易懂，适合自学。本书给出了一个简单、易于掌握的框架，这个框架能够帮助读者批量地完成各种小游戏，让读者可以快速实现从零基础到游戏设计者的飞跃。

（3）代码详尽，每个案例都是采用迭代的设计方法，由简单的小项目逐步地演变成复杂的项目，读者可以完整地感受在程序设计时如何将复杂项目分解，分而治之。

配套资源

为了便于教与学，本书配有390分钟微课视频、源代码、教学课件、教学大纲、教案、习题题库。

（1）微课视频获取方式：读者可以先扫描书本封底的文泉云盘防盗码，再扫描书中相应的视频二维码，观看教学视频。

（2）源代码获取方式：先扫描书本封底的文泉云盘防盗码，再扫描下方二维码，即可获取。

源代码

（3）其他配套资源获取方式：扫描书本封底的"书圈"二维码，关注并回复本书号后，即可下载。

读者对象

本书既可以作为全国高等学校本科生"C语言程序设计"课程的教材，又可以作为编程爱好者的自学辅导书。本书以游戏项目为案例逐步介绍程序基础知识，并且介绍程序设计方法，帮助读者从零基础快速提升到独立完成各种经典游戏的水平，本书特别适合想从事软件开发相关工作的广大读者。

本书是由徐舒工程师和周建国副教授合作完成。徐舒曾在著名IT公司和法国 LIMOS 国家实验室工作，并且受多家公司邀请讲授编程类课程，有着丰富的工程经验和教学经验。周建国是武汉大学电子信息学院副教授，有着丰富的教学和科研经验。本书在策划和出版过程中，得到许多人的帮助，在此表示衷心的感谢。感谢作者的导师武汉大学孙洪教授和易凡教授的指导和帮助；感谢武汉理工大学刘岚教授的指导和帮助；感谢 LIMOS 国家实验室 Jean Connier 博士对作者在法国工作期间给予的帮助和支持；感谢张金龙、姚敏、余倩、王健、杨汉、吴俊、杨彬、于满洋、洪自华、陆奎良等众多互联网公司的工程师的帮助和支持。

在本书的编写过程中，参考了诸多相关资料，在此向文献资料的作者表示衷心的感谢。限于编者水平加之时间仓促，书中难免存在疏漏之处，欢迎读者批评指正。

编　者

2022 年 5 月

CONTENTS

目　录

第1章

C语言概述

随着计算机技术的迅猛发展，计算机程序已经成为人们生活中不可缺少的部分。那么，什么是程序？什么是程序设计语言？怎样通过程序设计语言编写程序？这些都是程序设计初学者关心的问题。

1.1 程序与程序语言

计算机程序也称为软件，是一组计算机能识别和执行的指令序列。计算机通过执行指令规定的操作解决各种问题。当需要计算机完成某项具体任务时，只要将其步骤用各种指令的形式描述出来，并让计算机根据指令执行操作，就能实现目标。编写程序就是为计算机安排指令序列，让计算机按照指令完成任务。对于编写程序，读者其实并不陌生。例如，人们会给智能音箱发送指令，让其完成很多有趣的任务（如播放音乐、查询天气预报等）。这个过程其实就是在编写程序，只不过这段程序比较智能，直接使用的是人类语言。但是普通的计算机并不会如此智能，并不能直接理解人类语言。因此，就需要一种语言来帮助和保障人类与计算机之间顺利交流，让计算机可以理解人类的指令，并且按照指令正确完成任务。这种能够被计算机理解的语言被称为程序语言。

机器能识别的指令是二进制指令，由0和1组成，被称为机器语言。大家会很好奇为什么只有0和1组成的二进制语言就能构成如此神奇多彩的计算机世界？下面通过一个简单的例子来解释其中的奥秘：一块电子显示屏由多个LED灯组成，每个LED灯有亮、灭两种状态，控制LED灯的亮、灭，可以显示各种图像。屏幕显示数据对应图如图1.1所示。

仔细观察图像，就会发现"屏幕"中显示的图像与

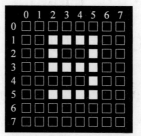

图1.1 屏幕显示数据对应图

旁边的数据形成——对应的关系。

（1）当对应位置的数值为 1 时，就点亮"屏幕"该位置的灯。

（2）当对应位置的数值为 0 时，就关闭"屏幕"该位置的灯。

改变矩阵中的数据，"屏幕"就能根据数据显示各种图像，包括图像、汉字、英文字符等。这就是"屏幕"显示的原理。虽然只有 0 和 1，却能构成纷繁精彩的世界万物，这就是二进制思想的美妙。至繁归于至简，如同围棋只有黑白子，规则非常简单，却是世界上最复杂的棋类活动之一。点阵液晶屏幕的显示原理就是如此简单，所有数据都是以 0 和 1 保存的，对 LCD 控制器进行不同的数据操作，就能显示不同的结果。这个过程，读者并不陌生，如在举办体育运动会时，学生方阵常常利用该原理显示各种有趣的标语。

计算机能够理解的语言就是 0、1，但是如果人们使用 0、1 进行编写程序，效率就非常低。早期时，人们只能用机器语言与计算机交流，完成各种任务都是使用二进制语言，只有 0 和 1，如 1000000000…一堆 0 和 1 组合在一起，非常晦涩难懂，所以这种编程方法难度非常高，只能被极少数专业人员掌握，而且效率极低，例如编写一个两位数相加的程序，也需要非常长的时间，如果中间出现错误，查找起来非常困难。

为了降低编程的难度，随后人们开始用一些英文符号、字母和数字代替 0、1 代码进行编码，于是便产生了汇编语言。相比机器语言，汇编语言容易理解，这使得编程效率和质量得到了极大的提高，如两个数的加法指令：ADD A,B，但是汇编语言的助记符非常多，难以记忆，并且缺乏通用性。不同类型的计算机所使用的汇编语言是不同的，程序员在编写程序时，不仅需要掌握语言本身，还需要熟悉机器的内部结构，这对于程序员仍然是一个不小的挑战。汇编语言相对于机器语言有了很大进步，但是仍然与硬件结构息息相关，被称为低级语言。

无论是机器语言，还是汇编语言，都是面向机器的语言，要求使用者必须熟悉硬件结构和工作原理。这对从业人员要求非常高，不利于计算机的普及与推广。计算机事业的发展促使人们开始使用接近人类的自然语言，也就是高级语言。高级语言是高度封装了的编程语言，非常接近人类所使用的自然语言，而且不受具体机器的限制，因此被称为高级语言。使用高级语言编写程序通用性非常强，并且易学、易用，可读性好。

总而言之，机器语言、汇编语言、高级语言的发展过程就是越来越接近人类自然语言，远离机器束缚的过程。高级语言对人类友好，简单易学，不受限于硬件设计。但是对计算机就相反，计算机无法识别高级指令，需要通过编译器将高级语言翻译成计算机能够理解的机器语言指令集，所以机器语言的效率最高、汇编语言次之，高级语言最低。

1.2 选择 C 语言的理由

C 语言就是高级语言中的一种，它是 20 世纪 70 年代左右由贝尔实验室设计发布的，期间经过不断改进与发展，现在成为世界上应用最为广泛的计算机语言之一。虽然 C 语言发布至今已经过去了几十年，但是历久弥新，依然保持着强劲的势头，常年位居最重要编程语言榜前三名。并且许多其他高级语言如 C++、Java 等语言都是在 C 语言的基础上发展起来的，学好 C 语言，再学习其他语言较为容易,因此C语言是许多人学习程序设计的第一门语言。

与其他经典一样,C语言能够广泛流行,并没有日渐式微,正是由于它具备许多突出的特点。C语言主要特点如下所述。

(1)语言简洁、灵活,便于学习与使用。C语言程序书写形式自由,语法也比较灵活,程序设计自由度大。相比其他语言,完成相同功能的程序,C语言更为直观、简练。

(2)C语言是结构式语言,通过C语言能够轻松完成结构化编程和模块化设计,其显著特点是代码及数据的分隔化,即程序的各个部分除了必要的信息交流外彼此独立。这种结构化方式可使程序层次清晰,便于使用、维护以及调试。

(3)程序执行效率高。C语言可以进行位操作,实现汇编语言的大部分功能,是高效的语言,运行速度非常快,仅比汇编程序的效率低10%～20%。

(4)数据类型丰富。C语言数据类型有整型、实型、字符型等,并且具有数据类型构造能力,能构造数组类型、结构体类型、共用体等类型实现复杂的数据结构运算。

(5)可移植性好。C语言能够适用于多种操作系统中,在一种系统中编写好的C语言,基本上不用修改或者稍做修改就能移植到不同型号或者操作系统的计算机中。

(6)功能强大,应用广泛。C语言具有汇编的特点,能够直接访问物理地址,直接对硬件进行操作。C语言既具有高级语言的功能,又具有低级语言的功能,因此C语言广泛应用于嵌入式开发、底层开发,操作系统开发。

尺有所短,寸有所长。C语言也有一些不足的地方,例如,C语言的语法灵活,限制少,自由度高,但是在享受自由带来的乐趣同时,就必须承担更多责任。在编写程序时可能会犯一些奇怪的错误,并且有些错误往往难以察觉。另外,丰富的运算符和过多的优先级能够写出非常精炼的程序,但是同时也会使得有些程序非常晦涩难懂,这些都会给初学者带来困扰。

对于C语言的优点,初学者目前还难以感受到,但是等到熟练地使用C语言之后,就能体会到其精妙之处。总而言之,C语言功能强大、语言简洁灵活、简单易学,初学者能够在短时间内掌握编程技能,非常适合作为入门语言。

1.3　如何学习C语言

C语言功能强大,语言灵活,应用非常广泛,但是其语法灵活、简洁、自由度大也给初学者带来一些挑战。对于程序设计相关的课程,采用不同的方法学习效率差别非常大。作为一个初学者,尤其是零基础者,采用怎样的方法学习C语言就显得非常重要。

程序设计类的课程,例如C语言、Java语言等都是实践性非常强的课程。不仅需要掌握好理论知识,还需要动手实践,将所学的知识应用到实际问题之中,做到学以致用。

学习C语言最好的方法并不是一开始就抱着厚厚的书本啃,或者疯狂地看视频。这些方法都比较低效,很容易让初学者迷失在琐碎的细节之中,只见树木不见森林。琐碎的细节会让学习过程变得枯燥而无趣,让人望而生畏。

学习C语言的一种高效而有趣的方法是选择一个小项目,快速掌握基本知识之后,开始动手实践,在实践中边做边学。本书受斯坦福大学的卡雷尔机器人课程启发,设计了一款"模拟电子屏"的微项目。与卡雷尔机器人项目相比,该项目同样只有几个简单的指令,但是内容更加丰富多彩,更能发挥读者的想象力和创造力。读者可以通过"模拟电子屏"项目快速掌握基本语法,迅速完成"贪吃蛇""打砖块"和"俄罗斯方块"等经典游戏,并且通过这些游戏,找到彼此之间的联系,建立起通用的框架,然后就能批量编写各种经典小游戏,从而掌握编程最本质的内容。另外,读者还可以充分发挥自己的想象力和创造力,设计属于自己的游戏。在"模拟电子屏"项目的帮助下,读者无须从最基本的"螺丝钉"开始起步,而是直接聚焦核心内容,快速实现各种有趣的游戏,找到这些游戏之间的联系和规律,举一反三,快速成长。

1.4 编程环境

软件安装
指导文件

1.4.1 集成开发环境介绍

学习程序设计离不开上机实践。"工欲善其事,必先利其器",学习程序设计的第一步是选择合适的开发环境。通常情况下,初学者会选择集成开发环境(Integrated Development Environment,IDE)。集成开发环境是将程序编辑器、编译器、调试工具、项目管理工具等集成在一起的软件系统,使得开发过程更加快捷方便。用户通过 IDE 可以顺利完成编写、编译、运行程序整个过程,当编译器发现错误时,会返回编辑器中,并标出错误的行号,给出错误提示信息,用户根据提示信息,修改错误,重新编译,直至成功运行程序,得出预期结果。

C 语言的 IDE 可供的选择非常多,根据不同的操作系统可以选择合适的开发工具。例如,在 Windows 操作系统下,可选择 Visual Studio、Dev-C++、Code::Blocks 等作为开发工具;在 Mac OS 系统下,可选择 Xcode 等作为开发工具。

每一款 IDE 都有自己的特色,下面以 Windows 操作系统为例。

Visual Studio 是非常经典的 IDE,是由微软公司开发的,其中社区版可以免费试用。该软件功能齐全,调试非常方便,是一款非常不错的 IDE。但是由于 Visual Studio 较为庞大,运行起来比较慢,使得初学者不太容易驾驭它。

除了强大的 Visual Studio 外,还可以使用 Dev-C++、Code::Blocks 等轻量级 IDE。这些轻量级 IDE 的安装和使用都非常简单,其功能也十分简洁,非常适合初学者使用。

对于初学者来说,不要太纠结于选择哪个 IDE。就像学习开车一样,只要熟练掌握了开车技巧,即使从一个品牌的车换到另外一个品牌的车,也不需要额外的学习成本,IDE 使用也是如此。

本书的代码均在 Windows 操作系统下,采用 Code::Blocks 软件运行。因为 Code::Blocks 软件是开源的,即使读者计算机中没有这款软件,下载、安装和使用该软件也非常简单。Code::Blocks 软件的下载与安装,可以扫描左上方二维码阅读电子文档。安装成功后,启动 Code::Blocks 软件,进入集成开发环境的主界面,如图 1.2 所示。

集成开发环境的主界面包括菜单栏、工具栏、项目结构区、代码编辑区和输出窗口。其中,左侧是项目结构区,右侧是代码编辑区,右下方是输出窗口。

图1.2 Code::Blocks 的界面

1.4.2 集成开发环境简单使用

不同的 IDE 使用方式略微有所差别,本书仅以 Code::Blocks 为例,其他 IDE 使用的方式也大同小异。

1. 新建源文件

视频讲解

如果程序中只有一个源文件,可以不用新建项目,直接新建源文件。新建源文件的方式是在菜单栏中选择"文件"→"新建"→"空白文件"选项,如图1.3所示。操作成功之后,会出现新建空白源文件,如图1.4所示。

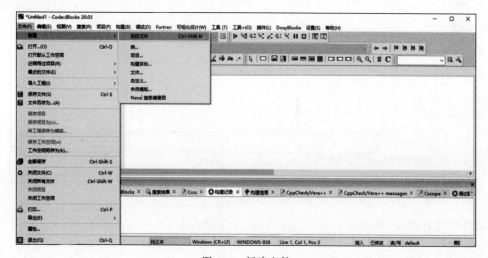

图1.3 新建文件

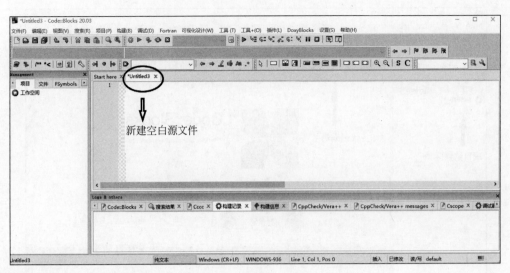

图1.4　新建文件成功

在空白源文件上完成编写代码之后，运行程序的方法为：在菜单栏中选择"构建"→"构建并运行"选项，或者单击工具栏中的"构建并运行"按钮 🐞 ，会弹出"保存文件"对话框，如图1.5所示。设置好文件保存路径和文件名，单击"保存"按钮。

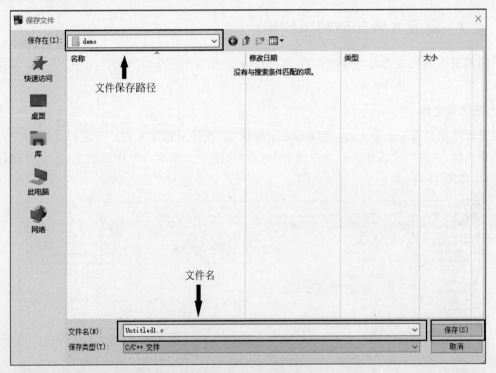

图1.5　"保存文件"对话框

如果程序没有错误，则会运行出结果；如果程序存在错误，则在输出窗口会给出错误信息提示。

2. 新建项目

如果程序由多个源文件构成,则需要新建项目。新建工程的步骤为:

(1) 在菜单栏中选择"文件"→"新建"→"项目"选项,如图 1.6 所示,操作成功之后,会弹出"根据模板新建"对话框,如图 1.7 所示。

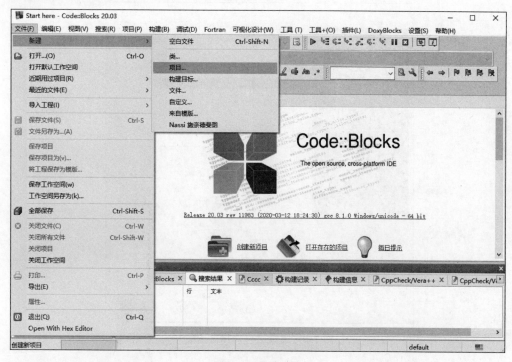

图 1.6　新建项目

图 1.7　"根据模板新建"对话框

（2）选择 Console application 选项，单击"前进"按钮，出现编程语言选择对话框，如图 1.8 所示。选择 C 选项，单击"下一步"按钮，出现项目保存对话框，如图 1.9 所示。设置好项目名称和项目保存路径，单击"下一步"按钮，出现编译信息设置对话框，如图 1.10 所示，单击"完成"按钮则会在指定路径下创建新项目，如图 1.11 所示。

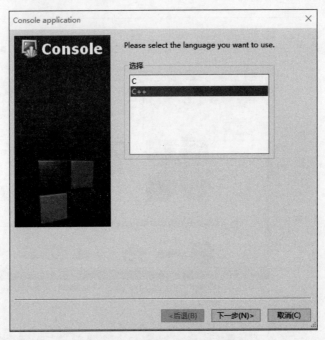

图 1.8 编程语言选择对话框

图 1.9 项目保存对话框

图 1.10　编译信息设置对话框

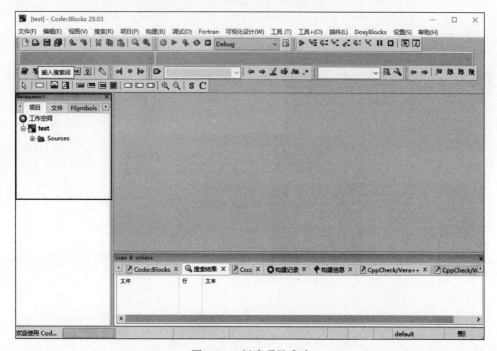

图 1.11　新建项目成功

（3）在左侧项目结构区单击树状菜单 Sources 选项前的"＋"将项目展开，如图 1.12 所示。双击 main.c 选项，在右侧代码编辑区，可以阅读到相应的代码，如图 1.13 所示。在菜单栏中选择"构建"→"构建并运行"选项即可运行项目的程序，运行结果如图 1.14 所示。或者单击工具栏中的"构建并运行"按钮，也可运行程序。

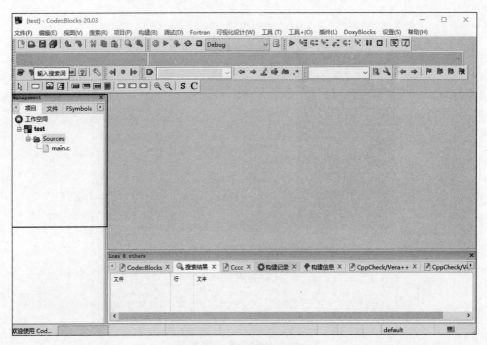

图 1.12　项目结构展开图

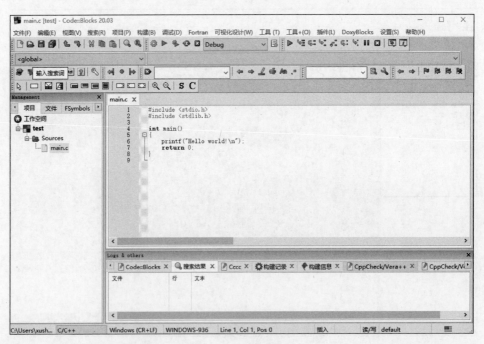

图 1.13　代码示意图

3. 打开项目

如果项目已经存在，则可直接打开已有的项目。打开已有的项目通常可以采用以下两种方式。

第一种：找到项目所在的存放路径，打开项目文件并找到 CBP 文件（文件扩展名是 .cbp），双击该文件即可打开项目。例如本书提供的"模拟电子屏"项目，双击 Screen.cbp 文件，就能直接打

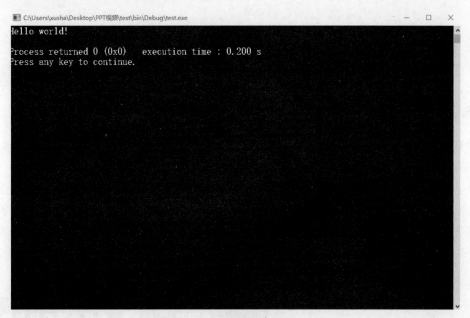

图 1.14　项目运行结果

开该项目。

　　第二种：启动 IDE 程序，在菜单栏中选择"文件"→"菜单"选项，或者使用快捷键 Ctrl+O，弹出"打开文件"对话框，如图 1.15 所示，找到项目所在的存放路径，双击项目的文件夹，找到项目中的 CBP 文件，选中该文件，单击"打开"按钮，即可成功打开项目。

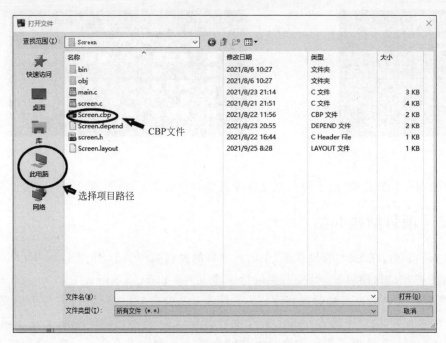

图 1.15　"打开文件"对话框

　　项目成功打开之后，也会如新建项目一样，在左侧项目结构区显示项目的树状结构。

1.5 "模拟电子屏"项目介绍

1.5.1 项目简介

配置好开发环境，并成功打开项目之后，就可以借助"模拟电子屏"项目进行 C 语言的学习。"模拟电子屏"是通过 C 语言模拟生成的"点阵电子屏"，其界面如图 1.16 所示。

屏幕上有 $n \times n$ 个 LED 灯，可以通过函数控制对应位置的灯点亮或者关闭。灯的位置可以通过屏幕边上的行和列数字确定，屏幕最左边的数字代表行数，最上面的数字代表列数。该项目只提供了点亮、关闭某个位置的灯等几个基本函数，但是却能通过这几个基本函数完成非常多有趣的任务。例如，经典的小游戏"贪吃蛇""俄罗斯方块"等，还能完成"电子时钟""电子屏广告"等任务，如图 1.17 所示。

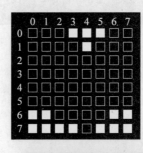
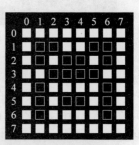
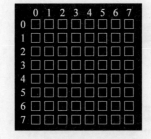
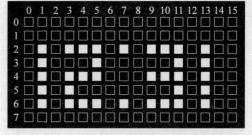

图 1.16 "点阵电子屏"的界面　　　　　图 1.17 案例展示

把它想象成一块真正的"电子屏"，充分发挥想象力和创造力，思考通过它能完成什么任务。

1.5.2 项目结构介绍

成功导入项目后，在左侧"管理视图"中出现项目的树状结构菜单，如图 1.18 所示。

从项目的树状结构图可知，项目主要包括三个文件：main.c、screen.h 和 screen.c 文件。其中.c 文件表示使用 C 语言编写的源程序。.h 文件表示头文件，存放同名.c 文件中定义的函数的声明、变量等。例如，项目中的 screen.c 文件主要是作者为读者们设计的四个基本函数具体实现方法，而 screen.h 文件里主要包含这些函数的声明。函数就像黑盒子一样，使用这些函数时，无须了解其具体实现方法，只需要通过.h 文件了解函数的声明，就可以直接使用，这让编程变得简单。

screen.h 和 screen.c 文件是已经设计好的文件,目的是让项目基本功能得以运行。读者在完成各种任务时,主要在 main.c 文件中编写代码,不需要修改 screen.h 和 screen.c 这两个文件中的任何内容。

1.5.3　项目函数介绍

项目提供了四个基本函数,分别是 initGame()函数、turnOn()函数、clearScreen()函数和 getKey()函数,它们的作用与使用方法如下。

(1) initGame()函数:设置屏幕的大小。其使用方法是:

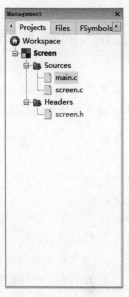

图 1.18　树状结构菜单

```
initGame(n);
```

其中,变量 n 表示不同的整数,输入不同大小的整数值,显示 n 行 n 列的屏幕,本项目中 n 的范围为 1~24。

例如:

```
initGame(8);
```

其作用就是生成 8 行 8 列的屏幕。

(2) turnOn()函数:点亮屏幕中某行某列的灯。使用方法:

```
turnOn(row,col);
```

其中,变量 row 代表行数,col 代表列数,输入不同的整数值,点亮对应位置的灯。

例如:

```
turnOn(0,0);
```

其作用是点亮第 0 行第 0 列的灯(变量 row、col 分别从 0 开始计数),结果如图 1.19 所示。

(3) clearScreen()函数:清屏,将屏幕上所有灯都关掉。使用方法为:

```
clearScreen();
```

执行 clearScreen()函数之后,屏幕就如同断电一样,所有的灯都会关闭,如图 1.20 所示。利用 clearScreen()函数可以实现许多有趣的动画和游戏。

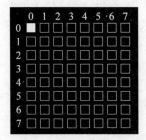
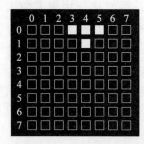
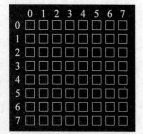

图 1.19　点亮第 0 行第 0 列的灯　　　　　　　图 1.20　"清屏"函数效果

(4) getKey()函数:得知哪个按键被按下。通过该函数可以实现游戏中的按键功能,按下不同按键,执行不同操作,例如控制物体上、下、左、右运动。该函数的使用方法在第 6 章会详细介绍。

视频讲解

1.6 简单 C 语言程序示例

熟悉了项目的基本结构和基本函数之后，接下来就可以利用项目学习 C 语言程序。双击项目树状结构菜单栏中的 main.c 选项，在右侧代码区就能阅读到第一个 C 语言程序示例，具体代码如下：

```
# include"screen.h"
int main(){
    initGame(8);
    return 0;
}
```

运行程序，出现一个 8 行 8 列的点阵屏幕，如图 1.21 所示。

上述代码主要包含两部分。

♯ include：文件包含。

int main(){}：主函数。

1. 文件包含

♯ include 是预处理方式中一种，预处理是 C 编译器在编译代码之前做的一些准备工作。♯ 是预处理标志，include 的作用是告诉预处理器将指定文件下的内容插入该行所在的位置。♯ include"screen.h"的作用是告诉编译器将 screen.h 文件中的内容包含在当前程序中。例

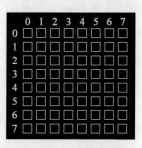

图 1.21　8 行 8 列的
点阵屏幕图

如，上述代码中使用到的 initGame()函数，其声明和实现分别在 screen.h 和 screen.c 文件中，通过文件包含的方式可以直接使用该函数。

文件包含是一种美妙的思想，它可以避免许多重复劳动。就像设计一辆车一样，没有必要去重复制造每一个螺丝。对于成熟的零件，可以直接去使用已经制造好的零件，例如直接订购米其林的轮胎，而不用自己重复制造轮子。这样可以提高效率，将主要精力放在核心问题上，如发动机的设计、新能源电池的设计等。除了程序设计外，其他很多领域都是采用这样的思想，站在巨人的肩膀上，不断往前推进，实现自己独特的价值。

读者可以通过文件包含的方式，直接使用作者为大家设计好的"模拟电子屏"相关的程序，这样可以专注地利用这些代码实现各种有趣的任务，而不需要从最底层的代码写起。在第 6 章时，还可以通过文件包含的方式，使用标准库中的各种函数，让程序设计变得更简单。在第 11 章，还可以使用他人设计好的图像库中的程序，做出具有漂亮图像界面的游戏。

文件包含的方式使得完成复杂的大项目变得相对容易，不仅可以直接使用已成熟的代码，还可以借助团队合作，每一个人完成大项目的不同模块，然后再将其有序地组合起来。

2. main()函数

main()函数被称为主函数，是程序执行的起点。程序执行总是从主函数开始，而不是从文件的最开始的语句执行的。一个完整能运行的项目有且只有一个主函数，程序只能有一个入口函数。C 语言程序中有一个或多个函数，在第一个示例程序中，除了 main()主函数外，initGame()函数也是函数。函数是 C 语言程序的基础模块，对于函数，在第 6 章会详细介绍，目前可以将其理解

成能够完成具体功能的指令。

主函数的格式为：

```
int main(){
    return 0;
}
```

或者

```
int main(void){
    return 0;
}
```

main()函数后面的（），表示是一个函数，括号里面是传入函数的参数，当括号里是空的时，表示没有传入任何内容。int 表示函数会返回一个整数，程序中的"return 0"目前可以将其理解成程序结束语句，具体内容会在第 6 章详细介绍。这些内容暂时不需要深入研究，只需要将其作为main()函数的一部分，具体内容会在后面章节陆续解释。现在，重要的是将程序运行起来，通过程序运行的结果，更加直观地感受程序是如何工作的。

在阅读其他代码时，有些主函数是这样：

```
void main(){
}
```

这是一种不规范的写法，虽然部分编译器允许这样写，而且能运行出结果，但是将程序移植到另外一个编译器时可能会出现问题，因为有些编译器并不支持这种写法。因此，即使编译器支持这种写法，还是采用标准写法为好。这就像开车时，不系安全带也能将车开起来，但是系上安全带规范行车可以保障安全。从一开始就建立起规范编写程序的好习惯非常重要，这样不仅能编写出完成任务的程序，而且还能编写出高质量、高效率的程序。

分解了程序的结构，再看看第一个示例程序的代码，发现没有那么难。无论是简单还是复杂的程序，都需要一个 main()函数，程序都是从主函数开始执行的。熟悉了这个大框架，自己编写代码或者阅读其他人的代码都将变得清晰明了。

读者可以尝试修改 initGame()函数里面的数值，观察运行结果。代码如下：

```
# include"screen.h"

int main(){
    initGame(10);
    return 0;
}
```

运行代码，就会出现 10 行 10 列的屏幕。

【例 1.1】 点亮屏幕中某一个位置的灯，灯的位置自选。

通过 1.5 节的项目函数介绍可知点亮具体位置灯的函数为 turnOn(row,col)，其中 row 代表行位置，col 代表列位置。先按照基本框架写好主函数，然后增加初始化屏幕大小，点亮对应位置灯的函数调用语句就能实现目标，例如点亮第 0 行第 4 列的灯，代码如下：

视频讲解

```
#include"screen.h"

int main(){
    initGame(8);
    turnOn (0,4);
    return 0;
}
```

运行代码，则屏幕中第 0 行第 4 列位置的灯点亮，结果如图 1.22 所示。程序执行过程非常简单，具体步骤如下。

（1）找到入口 main()函数，然后执行里面的函数语句"initGame(8);"出现 8 行 8 列的屏幕。

（2）执行函数语句"turnOn(0,4);"，屏幕上第 0 行第 4 列的灯被点亮。

（3）执行语句"return 0;"结束程序。

这就是程序结构中最常见的一种：顺序结构，程序按照顺序逐句执行，直到结束。

读者可以尝试点亮屏幕中其他位置的灯，也可以尝试点亮多盏灯。

【例 1.2】 显示"俄罗斯方块"形状，如图 1.23 所示。

视频讲解

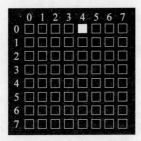

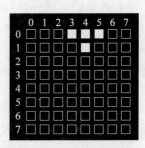

图 1.22　点亮第 0 行第 4 列的灯　　　　图 1.23　俄罗斯方块

显示图 1.23 所示的形状，其实就是点亮了四盏不同位置的灯，代码如下：

```
#include"screen.h"

int main(){
    initGame(8);

    turnOn(0,3);
    turnOn(0,4);
    turnOn(0,5);
    turnOn(1,4);

    return 0;
}
```

编译并运行代码，就能显示出图 1.23 所示的图像。通过点亮不同位置的灯，就能显示出各种各样的图像。如果将每一个小方块缩小成像素大小，图像会更加丰富多彩。读者可以尝试显示"俄罗斯方块"游戏中其他形状的图像。

1.7 程序调试

通过 1.6 节的例子,读者已经感受到程序的魅力,迫不及待地想自己动手去编写程序。但是在编写程序的过程中,出现错误的情况在所难免。哪怕是 1.6 节这几个简单的程序,初学者对着示例代码逐字抄写代码,仍有可能出现简单错误,无法得到预期的结果。读者可能对此有所怀疑,不妨动手尝试一下,编写代码之后,编译运行,检测是否能够得出正确的结果。

在编写程序时,难免会出现各种错误,查找并且修正错误的过程就是调试。遇到错误时不要惊慌,编译器能够捕捉大量错误,借助编译信息可以快速找到错误的原因和位置,如图 1.24 所示。

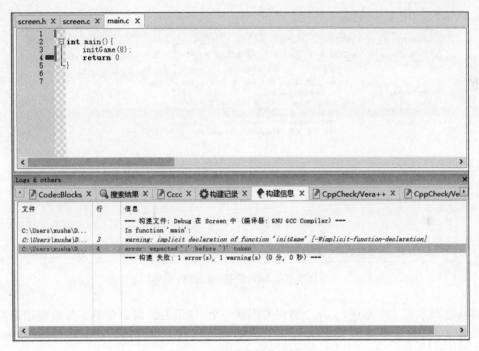

图 1.24　编译错误信息提示

图 1.24 中上面窗口显示的箭头提示了出错误的位置,编译之后返回的信息提示了错误的原因:"缺少语句结束符号;"。编译信息非常有用,所以要学会通过编译信息找到并解决错误。有时调试程序比编写代码所需要花费的时间和精力更多,所以在编写程序时应该养成良好的习惯,掌握正确的方法,尽可能地避免错误,修正错误最好的方式是避免错误。

对于初学者,作者提供一份初学者最常见错误列表,希望能帮助读者避开常见的"坑"。初学者常见错误一般有如下 3 种。

(1)中英文输入法。例如:

```
#include"screen.h"

int main() {
    initGame(8);
```

```
    return 0;
}
```

　　输入法错误是初学者最常见的错误之一，并且很难通过阅读代码找到错误。如上述代码所示，不仔细阅读，很难发现代码的问题，但是编译之后，返回信息会明确指出错误的原因和位置，如图 1.25 所示。

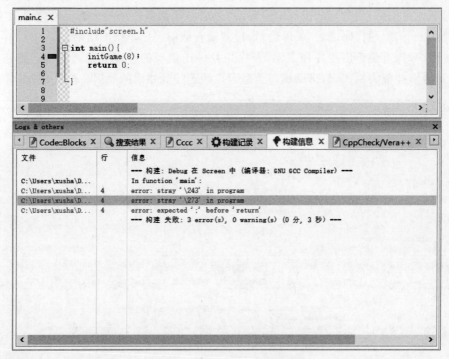

图 1.25　输入法错误信息提示

　　编译信息提示有 3 个错误，实际上错误原因就一个，错误的原因就是第 4 行语句结束符";"使用的中文输入法，仔细对比图 1.25 中第 4 行代码和第 5 行代码最后的结束符，发现两者有明显区别。

　　读者可以对比中英文输入法的区别，示例如表 1.1 所示。

表 1.1　输入法错误列表

中文输入法	英文输入法	中文输入法	英文输入法
；	;	""	" "
。	.	（）	()

　　将不同符号的中英文输入形式放在一起对比观察，会发现有着明显区别。但是如果在代码中出现中英文输入法错误，就非常难发现，尤其是代码很多时，更难发现。所以借助编译信息，根据提示的错误信息就较为容易定位问题的位置和原因。当提示信息中出现了 stray '\' 时就表示出现了输入法的错误。符号的中英文输入问题是一个经常会困扰初学者的问题，但是随着读者练习的机会增多，经验丰富之后，这个问题很容易就能解决。

（2）语句结束时少了结束符号";"。例如：

```
#include"screen.h"

int main(){
    initGame(8)
    return 0;
}
```

编译之后，返回信息为：

"error: expected ';' before 'return'"

语句"initGame(8)"少了结束符";"，正确的语句是"initGame(8);"。这个错误相比较中英文输入法，容易被发现。

（3）单词拼写错误。例如：

```
#include"screen.h"

int main(){
    intGame(8) ;
    return 0;
}
```

编译之后，返回信息为：

"undefined reference to intGame
error: ld returned 1 exit status"

根据编译信息，仔细阅读代码，发现 initGame() 函数误写成了 intGame() 函数。单词拼写错误也是常见的错误，例如单词 main 写成了单词 mian 等。

上述错误都是初学者常常遇见的错误，编译信息能够帮助读者快速定位错误，随着学习的深入，所遇到的错误会更加复杂，调试程序的能力要求也随之提高。因此，不断动手实践非常重要，"坐而论道"式的学习方式很难掌握程序设计的精髓，唯有将理论知识应用于实际问题之中，才能获得长足的进步。

1.8　注释

在编写程序时，为了让人们更加容易明白程序的含义和设计思想，通常会对代码进行解释和说明，这就是注释。注释只是为了提高代码的可读性，并不会被计算机编译，就像阅读文言文一样，为了帮助人们更好地理解文章的意思，通常会在旁边添加各种注释，但是注释并不是原文章的内容。

在 C 语言中有两种注释方法：一种是以//开始，以换行符结束的单行注释；另一种是以/*开始、以*/结束的块注释。

代码如下：

```
/* 这是一个简单的 C 语言程序
   作者：***
   时间：2020 年 8 月 30 日
*/
#include"screen.h"

int main(){
    initGame(8);                //初始化 8 行 8 列的屏幕
    turnOn(0,0);                //点亮第 0 行第 0 列的灯
    return 0;
}
```

虽然没有强制要求程序中一定要写注释，但是给代码写注释是一个良好的编程习惯。添加注释可以帮助他人和自己更方便地阅读代码，即使是自己编写的代码，时间久了，没有注释，阅读起来也会非常困难。因此，注释是程序必不可少的一部分。

视频讲解

1.9 综合案例："俄罗斯方块"向下运动

例 1.2 虽然能够显示"俄罗斯方块"形状，但是图像都是静止的，如果想让方块运动起来，该如何实现？

先简单了解一下动画的原理：动画中，物体并不是真的发生了运动，从一个位置移动到另一个位置，而是利用视觉"残留"效应，从视觉上感觉物体在运动。人的眼睛看到一幅画或者物体之后，视觉形象不会立即消失，动画就是利用这个原理。在一幅画还没有完全消失之前播放下一幅画，就会给人造成动画的效果。

例如，点亮一盏灯之后，然后将其关闭，再点亮旁边的灯，就会产生灯在不停运动的动画效果。关闭灯可以使用 clearScreen()函数，代码如下：

```
#include"screen.h"

int main(){
    initGame(8);

    turnOn(0,0);
    clearScreen();

    turnOn(0,1);
    clearScreen();

    turnOn(0,2);
    clearScreen();

    turnOn(0,3);
    clearScreen();

    return 0;
}
```

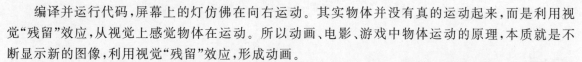

　　编译并运行代码,屏幕上的灯仿佛在向右运动。其实物体并没有真的运动起来,而是利用视觉"残留"效应,从视觉上感觉物体在运动。所以动画、电影、游戏中物体运动的原理,本质就是不断显示新的图像,利用视觉"残留"效应,形成动画。

　　对于单个小方块实现向右运动,就是不断点亮右边的小方块,也就是行位置不变,列位置不断增加的小方块;同理,向下运动,则是不断点亮列位置不变,行位置不断增加的小方块。物体上、下、左、右运动,原理就是如此简单,读者可以尝试编写程序实现单个方块上、下、左、右运动。

　　完成了单个方块的运动,实现"俄罗斯方块"的运动也不难,无非每次显示时点亮四盏灯,例如实现"俄罗斯方块"向下运动,四个方块的列位置都不变,行位置不断增加,如图1.26所示。

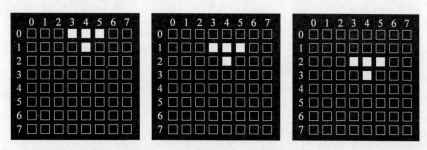

图1.26　"俄罗斯方块"向下运动图

代码如下:

```c
# include"screen.h"

int main(){
    initGame(8);

    turnOn(0,3);
    turnOn(0,4);
    turnOn(0,5);
    turnOn(1,4);
    clearScreen();

    turnOn(1,3);
    turnOn(1,4);
    turnOn(1,5);
    turnOn(2,4);
    clearScreen();

    turnOn(2,3);
    turnOn(2,4);
    turnOn(2,5);
    turnOn(3,4);


    return 0;
}
```

编译并运行代码，屏幕上的"俄罗斯方块"从最上面开始不断向下运动。

习题

1.1 查找题中的程序错误。

（1）

```
#include"screen.h"

int main(){
    initGame(8)
    return 0;
}
```

（2）

```
#include"screen.h"

int main()
    initGame(8);
    return 0;
```

（3）

```
#include"screen.h"

int mian(){
    initGame(8);
    return 0;
}
```

1.2 编写程序显示 16 行 16 列的屏幕。

1.3 编写程序显示"俄罗斯方块"的不同形状。

1.4 编写程序使单个小方块向左运动。

第2章

数据类型、运算符与表达式

在第 1 章的程序中,遗留了一个问题:main() 函数前面的 int 是什么意思?有什么作用?int 是英语单词 integer 的简写,表示是整型数据,在本章会详细解释 int 的意义。数据是程序的核心组成部分,程序中最常见的应用就是对数据进行处理。

2.1 数据的存储形式

用计算机处理数据,最先需要解决的问题是存储数据。例如,在使用计算机处理或者存储照片时,如果照片非常多,存储空间被占满了,就不得不删掉一些心爱的照片。这些照片,对于计算机来说,都是一堆数据。那这些数据是如何保存在计算机中的呢?

数据在计算机中以二进制形式存储,最小的存储单元为位(b),每一位的值只能是 0 或者 1。虽然 1 位存储信息有限,但计算机内部有成千上万个这样的存储单元,所以能存储大量数据信息。除了位以外,字节也是常用的存储单位,通常情况下,1 字节由 8b 构成。既然一位可以表示 0 或 1,那么 8 位就有 256(即 2^8)种 0 或者 1 的组合,通过二进制编码就能表示 0~255 的整数或者 1 组字符。换而言之,表示 0~255 大小的数据至少需要 8 位存储单元,保存更大的数据需要更多的位数。计算机的存储资源是有限的,为了更加有效地利用存储资源,计算机会根据数据的范围和表示形式,采用不同存储方式,合理分配存储空间。

C 语言中,整数类型和浮点数类型在内存中存储方式不同。整数和数学概念中的整数一样,整数没有小数部分;浮点数与实数概念相似,浮点数有小数部分。例如,1、−1、256 都是整数,3.14、2.5、0.33 都是浮点数。需要注意的是,在 C 语言中,1 和 1.00 两者是不同的,1 是整数,而 1.00 就是浮点数,它们数值相同,但是在计算机中存储的方式不同。

2.1.1 整数存储方式

整数是以二进制存储在计算机中的。例如,整数 5 用二进制表示是 101,如果计算机用 1 字节

(8位)存储该整数,前5位设置为0,后3位分别为101。整数存储形式示意图如图2.1所示。

0	0	0	0	0	1	0	1

图2.1　整数存储形式示意图

2.1.2　浮点数存储方式

浮点数和整数的存储方式不同。计算机按指数形式存储浮点数,将浮点数分成小数和指数两部分,分开存储这两部分,小数部分采用规范化的指数方式表示。例如,十进制实数2.718 28表示成$0.271\ 828\times10^1$,在计算机内存中存储形式如图2.2所示。

图2.2中采用十进制来示意,实际上在计算机中浮点数也是使用二进制进行存储的。例如C语言中浮点型数据采用4字节,也就是32位存储单元来存储,其中1位表示符号位,23位表示小数部分,8位表示指数部

图2.2　浮点数存储形式示意图

分,采用这种方法存储浮点型的数据范围非常广,基本可以覆盖所有程序中使用的浮点型数据。

C语言中将不同数据进行分类处理,不同的类型数据的操作方式不同,所占存储空间的大小不同,取值范围也不同,这样计算机能够根据数据的范围以及表示形式,合理地分配存储空间。在生活中经常也会遇到这样的情况,例如寄快递时,也会将所寄的物品进行分类:文件、包裹、重物等,根据不同类型和大小采用不同存储方式和处理方式,文件会使用专用的文件包装盒,大的物品会使用非常大的包装盒,做到"量体裁衣"。

2.2　数据类型与表示形式

2.2.1　数据类型

数据类型是一个非常重要的概念,C语言要求使用数据时必须明确其数据类型,因为它决定了数据在内存中的存储方式、数据范围以及数据能进行的运算等。C语言中,数据类型可分为基本类型、构造类型、指针类型和空类型。基本类型包括整型、实型和字符型。构造类型一般是由其他的数据类型按照一定的规则构造而成的,主要包括数组、结构体和枚举类型等。指针类型是C语言中非常有特色的一种数据类型。空类型的类型说明符为void,用于一类不需要向调用者返回值的函数。正是这些丰富的数据结构,使得C语言能够实现各种复杂的数据结构运算。本章主要讲解数据的基本类型,数组类型会在第5章介绍,结构体和枚举类型会在第8章介绍,指针类型会在第7章介绍,空类型会在第6章介绍。

2.2.2　常量和变量

在C语言中,数据有两种表示形式:常量和变量。程序运行过程中,其值不会发生变化的量就是常量,值会发生变化的就是变量。

1. 常量

C 语言中，常量包括整型常量、浮点型常量、字符型常量、字符串型常量四种类型。常量的类型决定了各种常量所占的存储空间的大小和数的表示范围。常量的类型通过其字面形式决定，如 1、−1、0 是整型常量；3.14、9.8 是浮点型常量；'a'、'b'、'x' 是字符常量；"CHN"、"Hello" 是字符串型常量。

在 C 语言程序中，常量除了用自身存在形式直接表示外，还可以使用符号名表示，称为符号常量。例如，计算圆的面积或周长时，会用到常数 π，将其取值为 3.141 592 7，如果每次都直接使用 3.141 592 7 的表示形式，会比较烦琐。如果使用符号常量就变得比较方便了，符号常量一般定义格式如下：

＃define 标识符 常量数据

标识符就是有效字符序列，用来标识符号常量名、变量名、数组名和函数名等。简而言之，标识符就是一个名字，由字符序列组成。

例如：

＃define PI 3.1415927

程序中用＃define 定义标识符 PI 代表 3.141 592 7，凡本文件中程序中遇到标识符 PI 时，就将其替换成对应的常量。例如，程序中代码"s＝PI＊r＊r;"预编译时会将其替换成"s＝3.141 592 7＊r＊r;"。这种方法能够以一个简单的名字代替一个长的字符串，就像影迷们常常用"热巴"去称呼漂亮美丽的明星"迪丽热巴·迪力木拉提"。

使用符号常量的好处是：

（1）含义清楚。相比一串数字，一看到 PI，就知道其代表圆周率。

（2）如果需要修改常量，能做到"一改全改"。例如，程序中有多处使用到 PI 值，现在需要将其值修改成 3.14，则只需要修改一处即可。如：

＃define PI 3.14

（3）使用符号常量可以提高程序的可维护性和灵活性。

【例 2.1】　游戏中屏幕的大小，一旦设定之后，就不能更改，使用符号常量完成屏幕大小设置。

屏幕的大小，在程序运行期间不会发生改变，所以可以使用常量表示大小，代码如下：

```
# include"screen.h"
# define N 8

int main(){
    initGame(N);

    turnOn(0,3);
    turnOn(0,4);
    return 0;
}
```

上述代码中，N 与 8 等价，依然是初始化 8 行 8 列的屏幕。

2. 变量

变量就是程序运行过程中值会发生变化的量，变量的作用就是存储数据，里面存储的值时常会发生变化，所以被形象地称为变量。变量是数据存储的基本概念，在程序中可以将变量理解成存储数据的容器。例如，使用计算机计算不同半径的圆面积时语句如下：

```
s = 3.14 * r * r;
```

这个语句中，有 s 和 r 两个变量，变量 r 存储的是圆的半径，变量 s 存储的是圆的面积。当变量 r 中存储的值发生变化时，变量 s 的值也会随之变化，这样就能计算出不同半径下圆的面积。

通过上述例子可知，对变量的基本操作包括两部分：

（1）向变量中存储数据，这个过程称为给变量"赋值"，使用的符号为"="，这个过程就是将数据放进容器之中。

（2）获取变量的当前值，这个过程称为"取值"，可以直接通过变量名获取变量的值。

把数据想象成实物，存取过程与生活中使用容器存储物品并无二致。例如，图 2.3 所示是经典的中药柜，柜子上面贴的标签，根据标签上的名字，很容易将药材放进对应的柜子之中。同样，通过标签上的名字取出对应的药材。变量就相当于药材柜中的柜子，而变量名相当于柜子上贴的标签名，而数据就相当于存在柜子中的药材。

甘草	枸杞	山药
三七	人参	当归
干姜	陈皮	谷芽
葛根	地黄	黄连

图 2.3　中药柜

初学者在使用变量时，可以在脑海中想象上述场景。给变量赋值，就是将数据存入变量中。例如：

```
r = 1.0;
```

就是向变量 r 中存放数值 1.0。

```
s = 3.14 * r * r;
```

就是将计算好的圆的面积值存放在变量 s 中。此时变量 r 的值为 1.0，则计算面积 s 的值为 3.14。

程序中，每一个变量都必须有一个名字作为标识，变量名代表内存中的存储单元。上述例子中的 s、r 就是变量名，存储着不同作用的数据。给变量命名的自由度较大，但是一般会根据变量的作用选择合适的名字，使其尽量有具体相关的含义，做到"顾名思义"，例如：

```
price = 2.5;
```

通过名字就知道变量 price 存储的是价格。

给变量命名除了尽量做到"顾名思义"外，还需要遵循一定的规则。C 语言命名详细规则如下：

（1）变量名只能由字母、数字和下画线组成，但是首字母不能是数字。

合法的名字，如 a，a9，_a，A_num。

非法的名字，如 9a，a * num。

（2）C 语言是区分大小写的，变量 A 和变量 a 是两个不同的变量。

（3）变量名不能与关键字相同，关键字是具有特殊含义的字符串，通常也称为保留字，例如 int，float 等。C 语言中总共有 32 个关键字（见附表 B），这些关键字会在后续章节慢慢学习。

在 C 语言中使用变量，必须先定义而后使用，例如变量 a，在使用变量 a 之前，需要定义它，例如：

```
int a = 10;
```

这样做的好处是：

(1) 先定义后使用，能保证程序中用到的变量名使用正确。例如程序中多处用到一个变量varname，但是其中一处一不小心掉了一个字母，将变量名误写成 vaname。如果不采用先定义后使用的原则，那么程序会误以为这是一个新变量，而使结果产生了错误，而且这种错误非常不容易查找出来。如果采用先定义后使用的原则，程序在编译时，会发现这个变量没有定义，编译器给出相应提示错误信息，就能很容易检测出这种小错误。

(2) 每一个变量有一个确定的类型，在编译时就能根据变量类型分配对应的存储空间。

所以 C 语言中，使用变量一定要先定义后使用。另外，C 语言还规定，在定义变量时，必须指明数据类型，下面将详细说明数据基础类型。

2.2.3 整型数据

1. 整型数据的分类

关键字 int 就是表示整型数据，除了 int 外，针对不同的取值范围和正负值，C 语言还提供了许多类型的整数类型。C 语言程序员可以根据不同情况选择不同类型的整数，一般情况使用 int 类型即可，一些特殊情况下，如数据太大可以使用其他类型。

int 类型是有符号整型，必须是整数，可以是正整数、零、负整数。其取值范围与计算机系统有关，目前大部分人使用的计算机是 64 位处理器，通常情况下取值范围是 $-2\,147\,483\,648 \sim 2\,147\,483\,647$。

如果数据非常大，超过了这个范围，还可以使用 long int（长整型）类型。

对于初学者来说，当使用整数类型数据时，int 类型能够满足绝大部分程序要求。对于其他整型，目前只需要简单了解即可，当需要使用时，会查阅相关资料，并根据资料说明能正确使用即可。

C 语言还提供了 signed、unsigned、short、long 四个关键字作为类型修饰符组成 int、short int、long int 和 unsigned int、unsigned short int、unsigned long int 类型。

signed 和 unsigned 两者相对，分别表示有符号和无符号。有符号可以表示负数，而无符号只能表示非负数。例如，signed int 和 unsigned int 分别表示有符号整型和无符号整型，通常情况下可以省略 signed，signed int 和 int 表示的是同一类型数据。除非想强调使用的是有符号整数，可以在 int 前面加上 signed 修饰符。另外，short int 类型"可能"比 int 类型数值范围小，占用空间少，当数据较小时用 short int 会节省空间。long int"可能"会比 int 占用的空间大，数值范围大，适用于较大数据场合。这些类型的取值范围与计算机的操作系统相关，同一类型在不同系统的计算机上取值范围不尽相同。C 语言只规定了 short int（或简写为 short）类型占用的空间不能多于 int 和 long，long 不能少于 int，所以有些机器上 short 类型会与 int 所占用空间相等。

2. 整型变量的定义

在 C 语言中使用变量，必须先定义而后使用。

变量的定义包括变量的声明和赋值。

引入新变量的程序行称为声明。声明变量的格式如下：

变量类型 变量名;

声明整型变量的方法是先写上整型类型如 int，然后写上变量名，最后加上分号结束语句。每次声明时可以声明单个变量，也可以声明多个变量，变量名之间用逗号隔开。例如：

```
int row;
int row, col;
```

上述声明只创建了变量，但是并没有给变量提供值，可以使用赋值符"＝"给变量赋值，相当于将值存储到变量之中。例如：

```
row = 3;
```

在 C 语言中，在声明变量的同时，也可以给变量赋初始值。例如：

```
int row = 3;
```

总而言之，定义变量为其创建和标记存储空间，并为其设置初始值。

2.2.4　浮点型数据

1. 浮点型数据分类

对于大部分程序来说，整型数据已经够用了，但是生活中也会常常使用到实数，例如测的体温是 36.5 摄氏度。浮点型数据类型主要分为单精度、双精度和长双精度，对应的关键字为 float、double 和 long double，它们的区别在于精度。C 语言规定，float 类型必须至少精确到小数点后面 6 位有效数字，double 类型至少精确到小数点后面 10 位有效数字。long double 适用于比 double 类型更高的精度要求，不过 C 语言只保证 long double 精度不低于 double，对于初学者来说 long double 型使用得非常少，只需要了解即可。

2. 浮点型变量定义

浮点型变量定义与整型变量定义没有本质区别。例如：

```
float a = 0.98;
```

定义了单精度实型变量 a，值为 0.98。

```
double x , y;
```

定义了双精度实型变量 x,y。

```
long double t = 12.34e5;
```

定义了长双精度实型变量 t。

2.2.5　字符型数据

除了整型和浮点型数据外，程序中有时还需要用到字符型数据，例如成绩等级分为 A～E，按下的按键分别是 A、W、S、D，这些数据信息的保存都需要字符型数据。字符型数据用 char 类型存储，char 类型本质上也是整型类型中的一种，因为 char 类型实际上也是存储的整数。计算机使用数字编码来表示字符，用特定的整数表示特定的字符。C 语言中，英文字符常用的是 ASCII 码（美国标准信息交换码），本书也是采用 ASCII 码。标准的 ASCII 码的范围是 0～127，每一个值对应一个字符，例如整数值 65 对应的就是字符'A'，97 对应的就是字符'a'。详细的 ASCII 码对应关系见附录 A。这个表不需要去记忆,当需要使用 ASCII 码时,会查表就行。

字符变量定义与整型变量定义没有本质区别。例如:

```
char grade = 'A';
char mode = '1';
```

分别将字符'A'、'1'存储到变量 grade 和 mode 中。需要注意的是,C 语言中,单个字符常量使用的是单引号,而不是双引号。例如:

```
char grade = "A";
```

是错误的。字符串"A"与字符'A'两者区别很大,前者是字符串,后者是单个字符。另外字符'1' 和数值1两者也不同,表示的值也不相同,字符'1'对应的 ASCII 码值是 49,也就是字符'1'如果换算成整数,值是 49,而不是 1。

【例 2.2】"俄罗斯方块"向不同方向运动。

经过上述章节的学习,理解了变量的含义,也熟悉了如何定义不同数据类型变量,接下来通过案例感受变量的作用。在第 1 章的综合案例中,让"俄罗斯方块"向下运动,如图 2.4 所示。虽然完成了任务,但是较为复杂,如何通过变量简化程序呢?

视频讲解

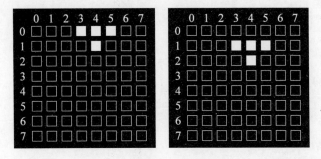

图 2.4 "俄罗斯方块"向下运动

第 1 章的综合案例中实现任务,代码如下:

```
#include"screen.h"
#define SIZE 8

int main(){
    initGame(SIZE);

    /*在屏幕上显示四个小方块*/
    turnOn(0,3);
    turnOn(0,4);
    turnOn(0,5);
    turnOn(1,4);

    clearScreen();                //清屏

    /*四个小方块,每个小方块行位置都增加1,列位置不变*/
```

```
    turnOn(1,3);
    turnOn(1,4);
    turnOn(1,5);
    turnOn(2,4);
    clearScreen();

    /* 四个小方块,每个小方块行位置都增加1,列位置不变 */
    turnOn(2,3);
    turnOn(2,4);
    turnOn(2,5);
    turnOn(3,4);


    return 0;
}
```

上述代码虽然完成了任务,但是每次向下运动一步,都要去计算四个方块接下来运动到的新位置。虽然不是很难,但是在步数较多的情况下,就较为烦琐,而且如果中间出现错误,不容易找到。定义一个变量去记录运动了的行数,则可以简化思考过程。代码如下:

```
#include"screen.h"
#define SIZE 8

int main(){
    initGame(SIZE);

    /* 向下运动0行 */
    int row = 0;
    turnOn(0 + row,3);
    turnOn(0 + row,4);
    turnOn(0 + row,5);
    turnOn(1 + row,4);
    clearScreen();

    /* 向下运动1行 */
    row = row + 1;
    turnOn(0 + row,3);
    turnOn(0 + row,4);
    turnOn(0 + row,5);
    turnOn(1 + row,4);
    clearScreen();

    /* 向下运动2行 */
    row = row + 1;
    turnOn(0 + row,3);
    turnOn(0 + row,4);
    turnOn(0 + row,5);
    turnOn(1 + row,4);
    return 0;
}
```

上述代码相比较之前的代码,代码量并没有减少,但是却简单多了,而且扩展新功能更加容易。例如完成向下运动之后,想实现向上运动,只需要修改少量代码即可。向下运动,行信息不断增加,同理,向上运动就是行信息不断减少的过程。因此,定义一个变量存储行信息就能轻松完成上下运动。

进一步思考,向上运动是行不断减1的过程,向下运动是行不断加1的过程,是否新增一个变量记录行变化的信息,实现上下运动更简单?代码如下:

```c
#include"screen.h"
#define SIZE 8

int main(){
    initGame(SIZE);


    int drow = 1;                       //向下运动

    /* 向下运动 0 行 */
    int row = 0;
    turnOn(0 + row,3);
    turnOn(0 + row,4);
    turnOn(0 + row,5);
    turnOn(1 + row,4);
    clearScreen();

    /* 向下运动 1 行 */
    row = row + drow;
    turnOn(0 + row,3);
    turnOn(0 + row,4);
    turnOn(0 + row,5);
    turnOn(1 + row,4);
    clearScreen();

    /* 向下运动 2 行 */
    row = row + drow;
    turnOn(0 + row,3);
    turnOn(0 + row,4);
    turnOn(0 + row,5);
    turnOn(1 + row,4);
    return 0;
}
```

上述代码中当变量 drow 的值为1时,就向下运动,变量 drow 的值为-1时,就向上运动,只需要修改变量 drow 的值,就能控制"俄罗斯方块"上下运动。通过上述例子可以感受到变量能够让程序变得非常灵活。变量是编程中非常重要的概念,程序中存储各种数据信息,经常会使用到变量。编写程序时,应根据需求选择合适的变量及其类型。

仔细观察上述代码,会发现存在大量重复的内容,在后续的章节会有各种方法解决代码重复的问题,使得代码变得简洁而灵活。

2.3 运算符与表达式

程序中除了通过变量存储数据，接下来还需要处理和计算数据，在上述"俄罗斯方块"运动的例子中已经对数据进行了简单计算。

为了方便处理和计算各种数据，C语言提供了大量的运算符（又称为操作符），可以在程序中进行算术运算、关系运算和逻辑运算等。最基本的运算符就是大家熟悉的算术运算。

2.3.1 运算符简介

运算符是表示各种不同运算的符号，参与运算的各种数据称为数据对象（也称作操作数）。C语言提供了许多运算符用于各种运算，本章主要介绍算术运算符和赋值运算符，在后面的章节会陆续介绍其他运算符。

表达式是由运算符将运算对象连接起来的，符合C语言规范的式子。

2.3.2 赋值运算符与赋值表达式

1. 赋值运算符

在C语言中，赋值运算符"＝"的意思是将右侧的值赋给变量。例如：

```
int a = 3;
```

是将数值3赋给变量a。也可以理解为，将数值3存储在变量a中，如图2.5所示。

在C语言中，赋值运算符"＝"与数学符号"等于号"意义并不一样，初学者容易混淆。例如，"i＝i＋1;"在数学中这个式子就不能成立，一个数不可能等于它自身＋1，但是在计算机编程语言中这个表达式就能成立，其意义就是把变量i中的值加上1，重新赋值给变量i。例如，变量i最初

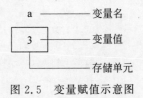

图2.5 变量赋值示意图

的值为5，执行"i＝i＋1;"之后变量i的值就变成了6。赋值的过程就是将数据存入内存存储单元中。

2. 复合赋值运算符

在赋值运算符"＝"之前加上其他运算符，就可以构成复合赋值运算符。例如：

```
sum += i;
i + = 1;
```

在"＝"前加一个"＋"运算符就成了复合运算符"＋＝"。

"sum＋＝i;"等价于"sum＝sum＋i;"，"i＋＝1;"等价于"i＝i＋1;"。

同理，"i－＝1;"等价于"i＝i－1;"。"i＊＝2;"等价于"i＝i＊2;"。"i/＝2;"等价于"i＝i/2;"。"i%＝2;"等价于"i＝i%2;"。

并非一定要使用这些复合运算符。但是使用复合赋值运算符，可以简化程序，使代码变得更加紧凑，并且还能提高编译效率。

3. 赋值表达式

赋值表达式就是由赋值运算符将一个变量和一个表达式连接起来的式子。它的一般形式为:

变量 = 表达式

对赋值表达式求解的过程为:先计算赋值运算符右边"表达式"的值,然后将计算结果赋值给运算符左边的变量。赋值表达式的值就是变量的值。例如:

a = 3

变量 a 的值为 3,赋值表达式的值就是变量 a 的值,也为 3。

2.3.3 算术运算符与算术表达式

1. 基本的算术运算符

C 语言中算术运算符为+、-、*、/、%。

+:加法运算符,使其两侧的值相加。

-:减法运算符,使其左侧的数减去右侧的数。

*:乘法运算符,使其两侧的数相乘。

/:除法运算符,使其左侧的数除以右侧的数。

%:求模运算符,也称求余运算符,使其左侧的整数除以右侧的整数得到的余数。%两侧的数要求都为整数。

在计算机中"+、-、*、/"运算符跟数学中常用的四则运算规则非常相似,还可以带上括号。算术运算虽然简单,但是需要注意以下 3 点。

(1) 数学中乘号是"×",而在 C 语言中是"*";数学中除号是"÷",而在 C 语言中是"/"。在键盘上输入两个符号就明白为什么,因为输入"÷"比较麻烦。

(2) 数学中使用乘法时有时会将乘号省略,例如 3x 实际上是 3*x,但在 C 语言编程中 3*x 不能省略中间的*号,否则编译器会无法编译成功。

(3) C 语言程序中关于除法,如果是整数除以整数,则结果为整数。例如 5/2,实际数学运算的结果为 2.5,而在 C 语言中,整数除法小数会被丢弃,结果为 2。

算术运算中,利用求余运算,可以巧妙解决很多问题。例如,判断一个整数的奇偶性,可以利用对 2 求余,通过余数就可以确定整数的奇偶性。

2. 自增、自减运算符

自增、自减运算作用就是将这个变量的值增加 1 或者减少 1,自增、自减运算符分别为++、--。例如,在让"俄罗斯方块"运动的代码中:

row = row + 1;

可以替换成

row++;

"row ++;"与"row = row + 1;"效果相同。

"row --;"与"row = row-1;"效果相同。

自增、自减运算符分为前缀、后缀方式。运算符在变量前面,称为前缀方式,表示变量在使用前自动加1或者减1,例如++i、－－i。运算符在变量后面,称为后缀方式,表示变量在使用后自动加1或者减1,i++,i－－。

"i++;"与"++i;"单独使用时,两者结果没有差别,变量i的值都增加了1。但是当自增、自减运算符与其他符号连在一起使用时,符号放的位置会对结果产生影响。例如,"y=++i;"与"y=i++;",i的值都是增加了1,但是变量y的值却是不一样。

```
y = ++i;
```

等价于

```
i = i + 1;
y = i;
```

先执行"i=i+1;",然后执行"y = i;"。假设运算前变量i的值为5,则运算结束后变量y与变量i的值相同,都是6。

而

```
y = i++;
```

等价于

```
y = i;
i = i + 1;
```

先执行"y=i;",然后执行"i=i+1;"。假设运算前变量i的值为5,则运算结束后变量y的值为5,变量i的值为6,变量i的值比y的值大1。

通过上述例子,可知自增、自减运算以及前缀方式和后缀方式,两者的结果有差别。对于经验丰富的程序员,使用自增或者自减运算符在某些应用场景下会写出非常紧凑、简洁的代码。但是这种方法降低了代码的可读性,并且容易产生计数错误,对于初学者来说需要慎用这种方式,不要将自增、自减运算符与其他运算符混用。编写代码的宗旨是易读易懂,并且不容易出错。例如:

```
y = (i++) + (i++);
```

可能设计者的本意是

```
i = i + 1;
y = i + i;
```

但是实际计算出的结果却与预期的结果不一致。所以实际在编写程序时,读者要尽量避免这种情况出现,否则虽然代码简洁了,但是容易产生错误,可读性较差。

3. 算术表达式

算术表达式就是由算术运算符和括号将运算对象连接起来。下面就是一些算术表达式:

```
3.14 * r * r
m * c * c
```

表达式中运算对象可以为常量、变量,也可以是第6章所学的函数调用。每一个表达式都有值。要获得表达式的值,就需要了解运算符之间的优先级,优先级决定了运算次序。例如算术运

算中,乘法和除法的优先级高于加法和减法,而括号的优先级最高,所以下面的算式

```
3 + (1 + 2) * 3
```

的运算过程是:先计算表达式括号里的算式,再计算乘法,最后计算加法。上述表达式的值为12。

C语言程序的运算符除了算术运算外,还有很多其他运算符,所以各种优先级规则较多。

将所有运算符优先级规则都记得非常清楚,难度较大。所以在编写程序时,尽量避免用太复杂的表达式,当表达式过于复杂时,应该增加括号消除歧义,并且还可以将复杂的表达式分解成简单的表达式之间的组合。

算术运算符的优先级与小学所学的四则运算一致,括号优先级最高,接着是乘除,最后是加减。另外,赋值运算符比算术运算符优先级低。例如:

```
s = 3.14 * r * r;
```

计算完算术表达式的值,将得出的结果赋值到变量s中,所以变量s保存着运算结果。

2.3.4 关系运算符与关系表达式

1. 关系运算符

关系运算符的作用就是对两个数据进行比较,确定两个数据之间是否存在某种关系。C语言提供了6种关系运算符,如表2.1所示。

表 2.1　关系运算符

运　算　符	含　　义	运　算　符	含　　义
==	等于	<	小于
!=	不等于	>=	大于或等于
>	大于	<=	小于或等于

关系运算非常简单,与小时候数学课上学习的关系运算也非常相似,区别在于符号上,"等于"在C语言中是"==",因为"="已经被用作赋值符号。在编写程序时,"=="与"="容易混淆,极易导致程序错误。例如:

```
a = 5;
```

与

```
a == 5;
```

两者的意思不一样。前者是将5赋值给变量a,也就是变量a的值为5,而后者判断变量a的值与5是否相等。对于初学者,经常在判断相等时将等号误写成赋值号,而且对于这种错误,编译器不提示错误信息,所以不太容易被发现。

另外,整数5与浮点数5.0之间并不相等。

```
5 != 5.0
```

还需要注意的是,"大于或等于""小于或等于""不等于"在C语言中对应的符号分别是">=""<=""!=",而非传统数学常用的符号样式。使用这些符号也是因为在计算机里面容易输入。

关系运算符的优先级关系是：

（1）==与!=的优先级相同。

（2）>=、<=、>、<的优先级相同。

（3）==与!=的优先级低于其余四种关系运算符的优先级。

（4）关系运算符的优先级低于算术运算符。

（5）关系运算符的优先级高于赋值运算符。

2. 关系表达式

简单关系表达式是用关系运算符将运算对象组成的式子。例如：

```
a + b > = a * b
a != 'A'
```

关系表达式的结果只有两种可能：真或者假。当关系成立时，结果为真，否则为假。C语言如何理解真和假？C语言没有逻辑型数据表示真假，以数值1和0表示真假。当表达式为真时，值为1；当表达式为假时，值为0。

例如，关系表达式5>3为真，表达式的值为1。关系表达式2==3为假，表达式的值为0。关系表达式(2>3)==(3>5)为真，表达式的值为1，因为关系表达式2>3和3>5的值都为0，最后比较的是关系表达式0==0，所以值为1。

关系表达式常用作判断条件在选择语句或者循环语句中使用。例如，通过按键控制方块的运动，为了实现该功能，则需要使用关系表达式作为条件，根据按键的键值，执行相应的操作。

2.3.5 逻辑运算符与逻辑表达式

1. 逻辑运算符

逻辑运算符的作用是将多种关系表达式组合起来更复杂的表达式。C语言提供了三种逻辑运算符，如表2.2所示。

表 2.2 逻辑运算符

运 算 符	含 义
&&	与
‖	或
!	非

逻辑运算的结果也只有两种：真(1)或者假(0)。

逻辑"与"运算："与"运算符两边的运算对象均为真的情况下才能为真。

逻辑"或"运算：只需要至少有一个运算对象为真，运算结果为真。

逻辑"非"运算：原运算对象为真，进行非运算则结果为假；原运算对象为假，进行非运算则结果为真。简单理解就是非真即为假，非假即为真。

例如：表达式(5>2)&&(10<6)结果就为假，因为只有一个运算对象为真；表达式(5>2)‖(10<6)结果就为真，因为有一个运算对象为真；表达式!(5>2)结果为假，因为5大于2为真，非真即为假。

逻辑运算非常简单,但是用途非常广,在计算机应用中无处不在。例如常用的购物网站,用户很容易就能找到心仪的产品,背后的原理就是逻辑运算。计算机通过用户选择的条件进行逻辑运算,就能将用户中意的商品呈现出来。当一个条件满足时,值为1,条件不满足时值为0,无论多么复杂的搜索条件最后都会转换成简单的逻辑运算。至繁归于至简,这也是计算机的魅力之一。

在生活中如果遇到选择困难时,也可以利用逻辑运算解决这个问题。例如,一个想买笔记本电脑的学生,面对琳琅满目的品牌眼花缭乱,不知如何选择。不妨通过几个简单的条件进行逻辑运算就能很快定位到适合自己的笔记本电脑,如:国产品牌,还是非国产品牌?价格大于1万元,还是小于一万元?屏幕是15寸还是17寸?

在生活中,读者遇到难以选择时,不妨试试逻辑运算,很快能够将复杂的问题变得简单。所以乔布斯言道:"每个人都应该学习编程,因为它教会你思考。"

2. 逻辑表达式

逻辑表达式就是用逻辑运算符将关系表达式连接起来的式子。逻辑表达式的结果也只有真或假。C语言中,以数值1代表真,以数值0代表假。但在判断是否为真时,以0为假,非0为真。例如:表达式a=3,则变量a的值非0,所以变量a为真;表达式b=0,则变量b的值为假。如果需要计算表达式a&&b的值,则表达式值为0。

在一个逻辑表达式中,如果有多个逻辑运算符时,其优先级是:"‖"最低,"&&"其次,"!"最高。

例如,假设变量y=0,b=2,计算表达式!y‖b&&y的值。由于运算符"!"的优先级是三者中最高,所以上述例子中先计算表达式!y的值,因为变量y的值为0,则表达式!y的值为1。其次优先级高的运算符是"&&",然后计算表达式b&&y的值,因为变量y的值为0,则表达式b&&y的值为0。最后计算的是"‖"运算,也就是表达式1‖0,最后表达式!y‖b&&y的结果为1。

表达式中既有逻辑运算符,又有其他运算符时,它们的优先级顺序是:逻辑运算符中的"&&"和"‖"低于关系和算术运算符,"!"高于关系和算术运算符。对于有些逻辑运算,由于运算符优先级的关系,可以省略(),但是建议在编写程序时,尽量加上(),这样做即使不记得逻辑运算符的优先级,表达式的含义也非常清晰。

例如,判断是不是闰年的表达式为:

```
(year % 4 == 0 && year % 100 != 0) || (year % 400 == 0)
```

虽然去掉括号如:

```
year % 4 == 0 && year % 100 != 0 || year % 400 == 0
```

在运算结果上不会有差别,但是加上括号,很容易理解表达式所表达的判断闰年的条件:

(1) 能被4整除,不能被100整除的年份。

(2) 能被400整除的年份。

在编写程序时,仍要遵循那句名言:"人人都能写出让计算机明白的程序,优秀的程序员能写出让人类理解的程序。"当表达式比较复杂时,可以引入解释性变量,将表达式分解成比较容易理解的形式。

使用逻辑运算符时要注意一种情况,例如屏幕的大小为8×8,判断方块的位置是否在屏幕内,也就是行与列的值范围为0~7,可以这样写:

```
row >= 0 && row < 8
```

而不是数学上的表达式：

```
0 <= row < 8
```

这样会带来难以察觉的错误，因为该表达式的计算结果永远为真，也就是即使变量 row 的值是 10，已经越界了，也无法阻止点亮屏幕外的灯。因为表达式先计算

```
0 <= row
```

这是一个关系运算表达式，结果只能为 0 或者 1，得到运算结果之后计算该结果是否小于 8，无论是 0 或者 1，都小于 8，所以无论变量 row 的值是多少，表达式 0<=row<8 的结果都为 1。因此判断一个值的范围，应该使用逻辑运算表达式。

2.3.6　逗号运算符与逗号表达式

逗号运算符是一种特殊的运算符，作用是将多个表达式连接起来。其一般形式为：

表达式 1,表达式 2,…,表达式 n

逗号表达式的求解过程为：先求解表达式 1，再求解表达式 2，从左到右依次按照顺序求值。整个逗号表达式的值为表达式 n 的值。例如：

```
a = ( x = 1, x+1);
```

求解顺序为：首先将 1 赋给变量 x，然后执行 x+1 的计算，最后将整个结果赋给变量 a，则变量 a 的值为 2。

 2.4　语句

C 语言程序执行部分是由语句组成的，一条语句相当于一条完整的计算机指令。C 语言中语句主要分为表达式语句、函数调用语句、控制语句、复合语句和空语句。

1. 表达式语句

表达式末尾加上";"就构成一条表达式语句。例如：

```
r = 1.0;
```

就是一条赋值表达式语句。表达式语句最后的分号是语句中必不可少的一部分。r=1.0 只是表达式，而"r=1.0;"则是一个表达式语句，两者不能混淆。

2. 函数调用语句

函数调用语句由函数调用加分号构成。例如：

```
initGame(8);
turnOn(0,0);
```

都是函数调用语句。函数调用语句会在第 6 章详细讲解。

3. 控制语句

控制语句用于控制程序的流程。C 语言提供三类控制语句,分别为选择语句、循环语句和转移语句。控制语句会在第 3 章和第 4 章详细介绍。

4. 复合语句

复合语句由一对大括号括起来的一条或多条语句组成。在程序中可以将复合语句视为一条语句,执行复合语句时,实际上执行该复合语句大括号中所有的语句。例如:

```
{
    turnOn(0,3);
    turnOn(0,4);
    turnOn(0,5);
    turnOn(1,4);
}
```

是一条复合语句。main()函数大括号括起来的语句也是复合语句,执行 main()函数,就是将括号里的语句执行完。

需要注意的是,复合语句中最后一条语句的";"不能省略,而且"}"外不能加分号。

5. 空语句

空语句只有分号";",它表示什么也不做。如:

```
;
```

就是空语句。在设计循环结构时,时常会用到空语句。

2.5 类型转换

在表达式中运算,有时会遇到不同类型之间的数据进行混合运算。例如某件商品的单价是 20.5 元,总共买了 10 件,那么计算总价就是单价 * 数量,20.5 是实型数据,10 是整型数据,那么 20.5 * 10 的结果是什么数据类型?

对于这种不同类型混合运算的情况,需要进行数据类型转换,基本数据类型转换包括自动类型转换和强制类型转换。

2.5.1 自动类型转换

自动类型转换由系统自己完成,C 语言有一套规则进行类型转换,一般规则为:

(1) 低级别类型向高级别类型转换。类型的级别由低到高的顺序如下:char、int、unsigned、long、float、double。

例如上述例子中,运算中存在着整型与实型数据混合运算,实型数据级别高于整型,所以需要将整型数据转换成实型,则表达式 20.5 * 10 最终结果是实型数据,并不是整型数据 205。

(2) 赋值运算的结果,以赋值运算符左边变量的类型为准。例如:

```
int count = 3.15 * 10;
```

变量 count 的结果为 31,而不是 31.5。表达式 3.15 * 10 的结果是实型,但是进行赋值运算时,运算结果以左边变量的类型为准,变量 count 的数据类型是整型,所以变量 count 最终结果是 31。

通过这个例子会发现进行数据转换时,可能会导致数据信息丢失。

2.5.2　强制类型转换

如果需要将高级别转换成低级别的数据类型。例如,将 float 型转换成 int 型数据,则需要通过强制类型转换实现。强制转换的一般形式为:

(类型名)(表达式)

在圆括号中给出希望转换的目标类型,随后是需要转换的表达式。例如:

int a = (int) 3.15 * 10;

运算的过程是先将 3.15 转换成整型数据 3,所以最终变量 a 的值为 30。

无论是自动转换和强制转换都可能带来数据降级,丢失数据信息。一般情况下,应该避免不同类型的数据混用。C 语言灵活自由,尽量避免做过多的限制,不像其他语言直接禁止了混合类型运算,但这也给程序带来错误的风险。鱼和熊掌不可兼得,享受自由的同时,就必须承担责任,因此在使用类型转换时,要小心谨慎地选择合适的类型,减少不必要的类型转换。

2.6　综合案例:弹跳的小球

编写程序,实现小球(小方块)在屏幕内斜向运动,遇到边界发生反弹,如图 2.6 所示。

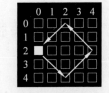

图 2.6　弹跳的小球

在例 2.2 中,通过变量 drow、dcol 控制方块的运动方向,例如斜向右下运动,则 drow=1,dcol=1,如果遇到屏幕最下边的边界,发生反弹变成斜向右上运动,则 drow=−1,dcol=1。

完整代码如下:

```
#include"screen.h"
#define SIZE 5


int main(){
    initGame(SIZE);
    int row = 2;
    int col = 0;

    int drow = 1;
    int dcol = 1;

    clearScreen();
    turnOn(row,col);
```

```
row = row + drow;
col = col + dcol;

clearScreen();
turnOn(row,col);
row = row + drow;
col = col + dcol;
drow = - drow;
dcol = dcol;

clearScreen();
turnOn(row,col);
row = row + drow;
col = col + dcol;


clearScreen();
turnOn(row,col);
row = row + drow;
col = col + dcol;


drow = drow;
dcol = - dcol;

clearScreen();
turnOn(row,col);
row = row + drow;
col = col + dcol;


clearScreen();
turnOn(row,col);
row = row + drow;
col = col + dcol;
drow = - drow;
dcol = dcol;

clearScreen();
turnOn(row,col);
row = row + drow;
col = col + dcol;

clearScreen();
turnOn(row,col);
row = row + drow;
col = col + dcol;


clearScreen();
```

```
turnOn(row,col);
row = row + drow;
col = col + dcol;


}
```

习题

2.1 下面能用作C语言标识符的是_____。

 A. 3mk   B. a. f   C. float   D. ATM

2.2 若定义了"int x;"，则将变量x强制转换成单精度类型的正确方法为_____。

 A. float（x） B. (float) x C. float x D. double(x)

2.3 已知定义了"int a；float b；double c；"，执行语句"b＝a＋c;"，变量b的数据类型为_____。

 A. int   B. float   C. double   D. 不确定

2.4 能正确表示变量x的取值在0～100的表达式为_____。

 A. 0＜＝x＜＝100   B. x＞＝0&&x＜＝100

 C. x＞＝0   D. x＜＝100

2.5 能正确表示变量x的取值在0～50或－100～－50的表达式为_____。

 A. (0＜＝x＜＝50)‖(－100＜＝x＜＝－50)

 B. (x＞＝0&&x＜＝50)&&(x＞＝－100&&x＜＝－50)

 C. (x＞＝0&&x＜＝50)‖(x＞＝－100&&x＜＝－50)

 D. (x＞＝0‖x＜＝50)&&(x＞＝－100‖x＜＝－50)

2.6 已知定义了"int a;"，执行语句"a＝5/2;"，变量a的结果是_____。

2.7 已知定义了"int a;"，执行语句"a＝4/8;"，变量a的结果是_____。

2.8 已知定义了"int a＝5;"，执行语句"a＝a％3;"，变量a的结果是_____。

2.9 完成"俄罗斯方块"左、右运动的程序。

2.10 完成"俄罗斯方块"沿着对角线运动的程序。

第3章

选择结构程序设计

在前面两章中,所有的程序都是顺序结构,程序从 main()函数开始进入,然后逐条指令开始执行,直到所有指令都执行完。但是,就像日常生活一样,不是所有的事情都是按照计划执行的,许多事情会随着条件的变化,面临着各种选择。程序亦是如此,也会根据不同条件执行相应的行为。例如在"俄罗斯方块"游戏中,按下不同的按键,方块的运动方向会随之而改变。本章主要讨论选择结构程序设计的实现方法。

3.1 if 语句

最常见的选择语句是 if 语句,if 语句是根据给定的条件进行判断,以决定执行对应分支的程序段。C 语言提供了三种形式的 if 语句。

3.1.1 单分支结构

单分支结构基本形式如下:

```
if(条件表达式){
    语句;
}
```

if 语句用于选择是否执行一个行为,执行过程是先计算条件表达式的值,如果条件表达式为真,则执行其后的复合语句;否则,就直接跳过其后的复合语句。

单分支结构非常简单,if 后面括号里的条件表达式为真,也就是如果条件满足了,就执行{}里的语句,否则,直接越过{}里的语句。{}里的语句相当于一个整体,表示是复合语句。{}里的语句可以是多条,也可以只有一条,当只有一条语句时,可以省略{}。

视频讲解

【例 3.1】 编写程序,实现通过按键控制方块运动,当按下按键 W 时,控制方块向上运动,如图 3.1 所示。

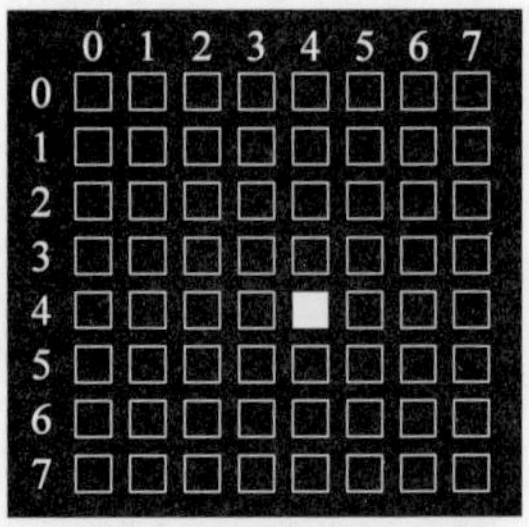

为了实现按键控制方块运动,需要获得按键输入信息,获得按键输入信息之后,根据判断信息执行相应的行为。C 语言标准库中有 getch()函数,它的作用是从输入设备获得输入的字符。例如,在键盘上按下按键 W,getch()函数返回的值就是字符'w',使用方法为:

char ch = getch ();

图 3.1　按键控制方块运动

通过 getch()函数可以获得按键的输入信息,然后根据键值执行相应的操作。代码如下:

```c
# include"screen. h"
# define SIZE 8

int main(){
    initGame(SIZE);          //初始化游戏,设置 8×8 矩阵的屏幕
    int row = 4;
    int col = 4;
    turnOn(row, col);        //点亮第 4 行第 4 列位置的灯


    char ch = getch();       //获得按下了按键的值

    if( ch == 'w'){          //判断是否按下了按键 W
        clearScreen();       //清屏,关闭屏幕上所有的灯

        row = row - 1;       //向上运动 1 行
        turnOn(row, col);    //点亮第 3 行第 4 列位置的灯
    }
    return 0;
}
```

编译并运行代码,在键盘上按下按键 W 时,方块向上运动。有时不小心将键盘上大写键打开了,测试程序时,按下按键 W,方块并没有向上运动,这个错误不易被发现,所以将代码修改成大写键打开了也能控制方块向上运动,代码如下:

```c
# include"screen. h"
# define SIZE 8

int main(){
    initGame(SIZE);          //初始化游戏,设置 8×8 矩阵的屏幕
    int row = 4;
    int col = 4;
    turnOn(row, col);        //点亮第 4 行第 4 列位置的灯

    char ch = getch ();

    if( ch == 'w' || ch == 'W'){   //判断是否按下了按键 W
```

```
        row = row - 1;
        clearScreen();
        turnOn(row, col);
    }
    return 0;
}
```

编译并运行代码,当在键盘上按下按键 W 时,小方块向上运动。

3.1.2 双分支结构

除了上述单分支选择结构,C 语言提供了 if-else 双分支语句,在两条语句之中进行选择,格式如下:

```
if(条件){
    语句 1;
}
else{
  语句 2;
}
```

if-else 语句的执行过程:如果满足条件,则执行语句 1,否则执行语句 2,语句 1 和语句 2 均可以由多条语句组成。需注意,else 语句不能单独使用,必须与 if 语句配对使用。

【例 3.2】 编写程序,实现按键 W 控制方块向上运动,其他按键控制方块向下运动。

按下按键 W 向上运动,按下其他键则向下运动,这是非常明显的二选一的情况,要么向上,要么向下,所以可以使用 if-else 语句完成任务,代码如下:

视频讲解

```
# include"screen.h"
# define SIZE 8
int main(){
    initGame(SIZE);              //初始化游戏,设置 8 行 8 列的屏幕
    int row = 4;
    int col = 4 ;

    turnOn(row,col);

    char ch = getch();           //获得按键的键值

    if( ch == 'w'){              // 判断按下的是不是按键 W
        row = row - 1;           //方块向上运动
    }
    else{
        row = row + 1;           //方块向下运动
    }
    clearScreen();
    turnOn(row,col);

    return 0;
}
```

if 语句用于选择是否执行一个行为,而 if-else 语句用于在两个语句之间进行选择。对于 if-else 语句,C 语言还提供了条件表达式这种便捷表达方式。条件表达式由条件运算符?:组成,通用形式为:

表达式 1 ? 表达式 2 : 表达式 3

执行过程:先求解表达式 1 的值,如果为真,则求解表达式 2 的值,并且将表达式 2 的值作为整个条件表达式的值。否则,求解表达式 3 的值,并将表达式 3 的值作为整个条件表达式的值。

例如代码:

```
if( ch == 'w'){                    //判断按下的是不是按键 W
    row = row - 1;                 //方块向上运动
}
else{
    row = row + 1;                 //方块向下运动
}
```

使用条件运算表达式为:

```
ch == 'w' ? (row = row + 1) : (row = row - 1);
```

一般情况下,条件运算符能完成的,if-else 也能完成。但是使用条件运算符的代码更加简洁。对于初学者,建议使用 if-else 语句,其更容易掌握。

3.1.3 多分支结构

在程序中,经常会遇到面临很多选择,例如按下不同的按键控制不同方向的运动,C 语言提供了 if-else if-else 语句,格式如下:

```
if(条件 1){
    语句 1;
}
else if(条件 2){
    语句 2;
}
...
else{
语句 n;
}
```

执行过程:如果条件 1 满足,则执行语句 1,否则计算条件 2,如果条件 2 满足,则执行语句 2,否则计算条件 3,如果条件 3 满足,则执行语句 3……如果所有条件均不满足,则执行 else 所对应的语句 n。

视频讲解

【例 3.3】 编写程序,实现按键 W 控制方块向上运动,按键 S 控制方块向下运动,其他按键斜向右下运动。

根据题意可知,这是多种选择的情况,可以使用 if-else if-else 语句,代码如下:

```
#include"screen.h"
#define SIZE 8
```

```
int main(){
    initGame(SIZE);               //初始化游戏,设置8行8列的屏幕
    int row = 4;
    int col = 4 ;

    turnOn(row,col);

    char ch = getch();            //获得按键的键值

    if( ch == 'w'){               //判断按下的是不是按键W
        row = row - 1;            //方块向上运动
    }
    else if (ch == 's'){          //判断按下的是不是按键S
        row = row + 1;
    }
    else{
        /* 方块斜向右下运动 */
        row = row + 1;
        col = col + 1;
    }

    clearScreen();
    turnOn(row,col);

    return 0;
}
```

编译并运行代码,按下按键 W,方块向上运动,按下按键 S,方块向下运动,按下其他按键,方块斜向右下运动。

对于多分支选择语句,可以将其修改成多个单分支语句,代码如下:

```
#include"screen.h"
#define SIZE 8

int main(){
    initGame(SIZE);               //初始化游戏,设置8行8列的屏幕
    int row = 4;
    int col = 4 ;

    turnOn(row,col);

    char ch = getch();

    if( ch == 'w'){               //判断按下的是不是按键W
        row = row - 1;
    }

    if (ch == 's'){               //判断按下的是不是按键S
        row = row + 1;
```

```
        }

        if( ch != 'w' && ch != 's'){          //判断按下的键既不是按键W,也不是按键S

            row = row + 1;
            col = col + 1;
        }

        clearScreen();
        turnOn(row,col);

        return 0;
}
```

通过这个例子可以感受到无论是双分支语句,还是多分支语句,最后都可以改编成单分支语句实现,只不过判断条件可能较为复杂。

3.1.4 if 语句的嵌套

有时候,在一个特定选择中又引出新的选择,这种情况可以使用 if 嵌套语句。在 if 语句中又嵌套一个或者多个 if 语句称为 if 语句嵌套。其一般形式为:

```
if(条件){
  if(条件){
    语句块;
  }
  else{
    语句块;
  }
}
```

在 if 语句的嵌套结构中,要非常注意 if 和 else 的匹配关系。C 语言规定:每一个 else 总是与它前面最近的同一复合语句内的不带 else 的 if 结合。为了避免引起歧义,在书写代码时,不要省略{},这样就能有效避免 else 的匹配问题。

视频讲解

【例 3.4】 编写程序,实现按键 W 控制方块向上运动,其余按键控制方块向下运动,并且在运动的过程中要检测是否越界了,保证方块不能运动到屏幕外。

既要判断按键,又要判断是否越界,可以使用嵌套 if 语句,代码如下:

```
# include"screen.h"
# define SIZE 8
int main(){
    initGame(SIZE);          //初始化游戏,设置8行8列的屏幕
    int row = 0;             //设置在屏幕最顶行
    int col = 4 ;

    turnOn(row,col);

    char ch = getch();       //获得按键的值
```

```
    if( ch == 'w'){              //判断按下的是不是按键 w
        if (row > 0){            //向上运动需要判断方块是否在屏幕最底部
            row = row - 1;
        }
    }
    else{
        if( row < SIZE - 1){     //向下运动需要判断方块是否在屏幕最底部
            row = row + 1;
        }
    }

    clearScreen();
    turnOn(row,col);

    return 0;
}
```

编译并运行代码,按下按键 W,方块并没有向上运动,因为小方块在屏幕的顶端,再向上运动就越界。代码中 if 的嵌套,也可以使用逻辑运算符替代,代码如下:

```
if(ch == 'w' && row > 0){
    row = row - 1;
}

if(ch != 'w' && row < SIZE - 1){
    row = row + 1;
}
```

C 语言非常灵活,在编写程序时,同样的问题可以有多种解决方法。

3.2 switch 语句

对于在多个选项中选择,不仅可以用 if-else if-else 来完成,而且可以使用 C 语言的提供一种更为方便的 switch 语句,它的结构形式为:

```
switch(表达式)
{
    case 常量表达式 1:语句 1;
    case 常量表达式 2:语句 2;
    …
    default:语句 n+1;
}
```

执行过程: 先计算表达式的值,如果表达式的值与某个常量表达式的值相等,则执行其后控制的语句块,如果所有的常量表达式的值都与表达式的值不相等,则执行 default 后的语句。

需要注意的是:

(1) case 后面必须是常量表达式,不能包含变量,并且每个常量表达式的值都不相同。

（2）default 语句可以省略。如果省略了 default 语句,当表达式的值与所有的常量表达的值都不相等时,则什么也不执行。

视频讲解

【例 3.5】 使用 switch 语句,编写程序,实现按键 W 控制方块向上运动,按键 S 控制方块向下运动,按键 A 控制方块向左运动,按键 D 控制方块向右运动。

使用 switch 语句,代码如下:

```
#include"screen.h"
#define SIZE 8
int main(){
    initGame(SIZE);              //初始化游戏,设置8行8列的屏幕
    int row = 4;
    int col = 4 ;

    turnOn(row,col);

    char ch = getch();

    switch(ch){
        case 'w' :
                row = row - 1;
        case 's':
                row = row + 1;
        case 'a' :
                col = col - 1;
        case 'd' :
                col = col + 1;
    }

    clearScreen();
    turnOn(row,col);

    return 0;
}
```

编译并运行代码之后,按下按键 W,并没有如预期般向上运动一行,其原因是 switch 语句执行的原理是遇到匹配项之后,开始执行其后的控制语句块,如果没有遇到 break 语句,会一直执行到 switch 语句结束的右括号为止。上述代码中,按下按键 W 之后,执行了匹配项的语句,但是也执行了其后所有的语句,变量 row 的值增加了 1 之后,又减少了 1,所以没有变化。解决这个问题的方法是执行完匹配项的语句之后,立即终止 switch 语句。C 语言提供了跳转语句 break 能够达到这个目的。break 语句的调用形式如下:

break;

在 switch 语句中,break 语句可以终止所在的 switch 语句的执行。

修改后的代码如下:

```
#include"screen.h"
#define SIZE 8
```

```
int main(){
    initGame(SIZE);           //初始化游戏,设置8行8列的屏幕
    int row = 4;
    int col = 4 ;

    turnOn(row,col);

    char ch = getch();

    switch(ch){
        case 'w' :
                row = row - 1;
                break;            //用break跳出switch语句
        case 's' :
                row = row + 1;
                break;
        case 'a' :
                col = col - 1;
                break;
        case 'd' :
                col = col + 1;
                break;
    }

    clearScreen();
    turnOn(row,col);

    return 0;
}
```

　　编译并运行代码,按键W、S、A、D可以控制小方块上、下、左、右运动。switch和break相结合,才能设计出正确的多分支选择结构程序。使用switch语句时,要根据情况需要,判断是否要加上break语句。例如双人游戏模式,按键W、I控制方块向上运动,按键S、K控制方块向下运动,按键A、J控制方块向左运动,按键D、L控制方块向右运动。使用switch语句实现,代码如下:

```
#include"screen.h"
#define SIZE 8
int main(){
    initGame(SIZE);           //初始化游戏,设置8行8列的屏幕
    int row = 4;
    int col = 4 ;

    turnOn(row,col);

    char ch = getch();

    switch(ch){
        case 'w' :
```

```
        case 'i':
                row = row - 1;
                break;                      //用 break 跳出 switch 语句
        case 's':
        case 'k':
                row = row + 1;
                break;
        case 'a':
        case 'j':
                col = col - 1;
                break;
        case 'd':
        case 'l':
                col = col + 1;
                break;
    }

    clearScreen();
    turnOn(row,col);

    return 0;
}
```

编译并运行代码，按下按键 W 或者 I 都能控制小方块向上运动。当按下按键 W 时，case 'w' 选项后的语句为空，程序会自动往下执行，执行 case 'i' 选项对应的程序段，所以按键 W 和 I 都能控制方块向上运动。

如果给每一个 case 选项的语句段都增加 break 语句，则需要增加不少重复的代码。对于不同条件，执行相同行为的场景下，通过 switch 语句和 break 语句的结合使用，可以写出简洁的代码。

虽然 switch 语句有时比 if-else 语句简洁，逻辑关系一目了然，程序可读性好，但是使用范围较窄。例如选择条件是非常大的范围，如变量 i 是 100～550 的整数，使用 if 语句非常简单，代码如下：

```
if( i > 100 && i < 550 )
```

而使用 switch 语句将会非常麻烦，需要设置几百个 case 选项，因此对于初学者来说，熟练掌握 if 语句即可。

3.3 综合案例：按键控制"俄罗斯方块"运动

编写程序，实现按键控制"俄罗斯方块"运动，按键 W 控制方块向上运动，按键 S 控制方块向下运动，按键 A 控制方块向左运动，按键 D 控制方块向右运动，并且检测"方块"是否越界，如图 3.2 所示。

俄罗斯方块由 4 个小方块组成，4 个方块作为一个整体运动，与一个小方块运动没有本质区别。选择一个参照点，使用相对坐标的方法表示 4 个方块，这样运动时，只需要修改参照点的位置即可。判断边界时，要注意哪个方块最先达到边界，代码如下：

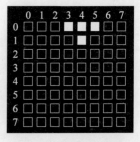

图 3.2　俄罗斯方块

```
#include"screen.h"
#define SIZE 8
int main(){
    initGame(SIZE);                    //初始化游戏,设置8行8列的屏幕
    int row = 0;                       //参照点的行坐标
    int col = 0 ;                      //参照点的列坐标

    /* 在屏幕上显示 4 个小方块 */
    turnOn(0 + row,3 + col);
    turnOn(0 + row,4 + col);
    turnOn(0 + row,5 + col);
    turnOn(1 + row,4 + col);


    char ch = getch();

    if( ch == 'w'){
        if (row > 0){                  //判断是否到了屏幕的最顶端
            row = row - 1;
        }
    }

    if( ch == 's'){
        if( row + 1 < SIZE - 1){       //判断最下面的小方块是否到了屏幕的最底端
            row = row + 1;
        }
    }

    if( ch == 'a'){
        if( 3 + col > 0){              //判断最左边的小方块是否到了屏幕的最左端
            col = col - 1;
        }
    }

    if( ch == 'd'){
        if( 5 + col < SIZE - 1){       //判断最右边的小方块是否到了屏幕的最右端
            col = col + 1;
        }
    }

    clearScreen();
    turnOn(0 + row,3 + col);
    turnOn(0 + row,4 + col);
    turnOn(0 + row,5 + col);
    turnOn(1 + row,4 + col);

    return 0;
}
```

本项目程序虽然实现了以按键的方式控制"俄罗斯方块"运动的功能,但该功能却只能执行一次。如果想要实现多次控制方块运动,需要学习第 4 章循环结构程序设计。

习题

编写程序,按键控制球拍左右运动,如图 3.3 所示。

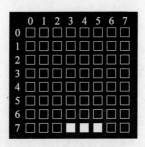

图 3.3 球拍

第4章

循环结构程序设计

在第 3 章的案例中,虽然能够通过按键控制方块运动,但是按键只能控制一次。这样的程序仿佛是一次性产品,并不实用。如果想一直都能控制方块运动,该如何实现? C 语言提供了循环结构语句实现该功能。循环是指如果满足条件则对某一过程反复执行。循环结构是结构化程序的基本结构之一,它与顺序结构、选择结构共同构成各种复杂的程序。换言之,所有结构化程序都是由这三种基本结构组成的。C 语言提供了 while 语句、do-while 语句和 for 语句来实现循环结构。

4.1 while 语句

视频讲解

while 语句是常见的循环语句。while 语句的格式如下:

```
while(条件表达式){
    循环体语句;
}
```

while 语句的执行过程:当圆括号里的条件表达式为真时,执行循环体语句,然后继续判断表达式中的值,如果为真,则再执行循环体语句,如此重复多次,直到表达式的值为假时结束循环。

while 语句和 if 语句的结构非常相似,两者的差别在于 if 语句只判断一次,而 while 语句会反复判断,直到条件不满足为止。

【例 4.1】 编写程序,实现按键控制方块运动,在没有越界的情况下,不断按下按键 W,方块就能连续向上运动。

使用循环语句,可以保证程序反复执行。如果将 while 语句中的判断条件设置为 1,则永远为真,循环体中的程序会一直执行。代码如下:

```
# include"screen.h"
# define SIZE 8
```

```
int main(){
    initGame(SIZE);                    //初始化游戏,设置8行8列的屏幕
    int row = 4;
    int col = 4;
    turnOn(row, col);

    char ch;

    while(1){                          //判断条件永远为真,程序可以一直执行下去
        ch = getch();

        if( ch == 'w' && row > 0){
            row = row - 1;
        }

        clearScreen();
        turnOn(row, col);
    }
    return 0;
}
```

编译并运行代码,按键 W 可以一直控制小方块向上运动,直到运行至屏幕最顶行。

while 括号中的条件表达式值为数值 1 时,也就是判断条件恒为真,这是一种无限循环,也称为死循环。在进行游戏编程时,有时会用到这种无限循环保证游戏一直运行下去。

将条件表达式修改为 row>0,也能实现同样的目的,代码如下:

```
#include"screen.h"
#define SIZE 8
int main(){
    initGame(SIZE);                    //初始化游戏,设置8行8列的屏幕
    int row = 4;
    int col = 4;
    turnOn(row, col);

    char ch;

    while(row > 0 ){                   //判断小方块是否运动到最顶行
        ch = getch();

        if( ch == 'w'){
            row = row - 1;
        }

        clearScreen();
        turnOn(row, col);
    }
    return 0;
}
```

当小方块运动到最顶行,就不能满足判断条件,意味着循环结束了,按键 W 就不能再控制小方块向上运动。

在实际程序中,除了少数地方会用到无限循环外,大多数情况是有限循环。在有限循环中,与 if 语句一样,需要找到合适的判断条件。

【例 4.2】　编写程序,实现"俄罗斯方块"不断向下运动,一直运动到屏幕底部结束,如图 4.1 所示。

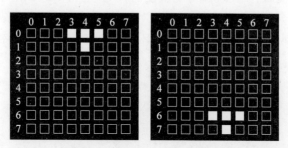

图 4.1　"俄罗斯方块"向下运动

在例 2.2"俄罗斯方块"向下运动的案例中,完成任务的代码如下:

```
#include"screen.h"
#define SIZE 8
int main(){
    initGame(SIZE);

    int row = 0;

    /* 显示"俄罗斯方块"的 4 个小方块 */
    turnOn(0 + row,3);
    turnOn(0 + row,4);
    turnOn(0 + row,5);
    turnOn(1 + row,4);
    clearScreen();

    row = row + 1;
    turnOn(0 + row,3);
    turnOn(0 + row,4);
    turnOn(0 + row,5);
    turnOn(1 + row,4);
    clearScreen();

    row = row + 1;
    turnOn(0 + row,3);
    turnOn(0 + row,4);
    turnOn(0 + row,5);
    turnOn(1 + row,4);
    return 0;
}
```

如果继续向下运动,则需要不断重复以下代码:

```
row = row + 1;
turnOn(0 + row,3);
turnOn(0 + row,4);
turnOn(0 + row,5);
turnOn(1 + row,4);
clearScreen();
```

程序中,这段代码重复执行了多次,对于重复的代码,使用 while 语句可以简化代码。使用循环语句,先要找到合适的判断条件,"俄罗斯方块"可以不断向下运动的条件就是最下一行没有到达屏幕底部时。解决了判断条件,接下来就是循环体的内容,主要包括两部分,即显示方块和向下运动一行,代码如下:

```
#include"screen.h"
#define SIZE 8

int main(){
    initGame(SIZE);

    int row = 0;
    while( row + 1 < SIZE ){          //判断最下面的小方块是不是运动到最底部
        clearScreen();
        turnOn(0 + row,3);
        turnOn(0 + row,4);
        turnOn(0 + row,5);
        turnOn(1 + row,4);
        row++;
    }
    return 0;
}
```

编译并运行代码之后,"俄罗斯方块"不断向下运动,直到运动到屏幕最底部为止。

视频讲解

4.2 do-while 语句

除了 while 语句,C 语言还提供了 do-while 语句完成循环工作。

do-while 语句的形式为:

```
do{
    循环语句;
}while(表达式);
```

do-while 语句的执行过程:先执行循环体中的"语句块",再进行判断,如果条件为真,则继续执行循环体语句,如此反复,直到表达式的值为假,结束循环。

【例 4.3】 编写程序,使用 do-while 循环语句完成"俄罗斯方块"不断向下运动,直到运动到屏幕底部。

使用 do-while 语句,循环运行的条件也是判断最下面的方块是否运动到屏幕的底部。循环体

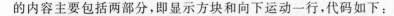

的内容主要包括两部分,即显示方块和向下运动一行,代码如下:

```
#include"screen.h"
#define  SIZE 8
int main(){
    initGame(SIZE );
    int row = 0;

    do{
        clearScreen();
        turnOn(0 + row,3);
        turnOn(0 + row,4);
        turnOn(0 + row,5);
        turnOn(1 + row,4);
        row++;
    } while( row + 1 < SIZE);

}
```

编译并运行代码之后,"俄罗斯方块"不断向下运动,直到运动到屏幕最底部为止。

通常情况下,对于同一问题,既可以使用 while 语句,也可以使用 do-while 语句,两者可以互换。do-while 语句是先执行后判断,所以 do-while 语句至少执行循环体一次,而 while 语句可能一次也不执行,这是两者最大的区别。一般情况下,两者运行结果是相同的,但是如果 while 语句后面的表达式一开始就为假,两个循环语句的结果是不同的。例如,如果"俄罗斯方块"一开始就在屏幕的最底部,使用 do-while 语句代码如下:

```
#include"screen.h"
#define  SIZE 8
int main(){
    initGame(SIZE );
    int row = 7;

    do{
        clearScreen();
        turnOn(0 + row,3);
        turnOn(0 + row,4);
        turnOn(0 + row,5);
        turnOn(1 + row,4);
        row++;
    } while( row + 1 < SIZE);
}
```

使用 while 语句,代码如下:

```
#include"screen.h"
#define  SIZE 8
int main(){
    initGame(SIZE );
    int row = 7;
```

```
while( row + 1 < SIZE){
    clearScreen();
    turnOn(0 + row,3);
    turnOn(0 + row,4);
    turnOn(0 + row,5);
    turnOn(1 + row,4);
    row++;
}

}
```

两者的运行结果是不同的,前者会在屏幕上显示出4个点亮的小方块,而后者不会在屏幕上显示4个点亮的小方块。do-while语句是执行完一次循环体,再做判断,所以适用于那种至少要执行一次的循环。

视频讲解

4.3 for 语句

对于例4.2的程序,重复执行固定次数的循环中,包含三部分。

(1) 初始化数值。

(2) 比较数值与目标值的关系。

(3) 循环递增数值。

在while语句中,这三部分放在不同的位置,初始化数值语句放在循环外,并且递增放在循环体内,当循环体中语句较多时,有时候会遗忘递增数值,导致无限循环。

C语言还提供了for循环语句,将初始化、判断、更新三部分内容组合在一起,形成更加紧凑的形式。for循环语句一般形式为:

```
for (表达式1; 表达式2; 表达式3)
{
    重复执行的语句;
}
```

表达式1一般为控制循环的变量赋初值表达式;表达式2为循环控制条件表达式;表达式3一般用来更新循环控制变量的值,其后无分号。

for语句执行过程如下。

(1) 执行"表达式1"。

(2) 判断"表达式2",如果它的值为真(非0),则执行循环体内的语句,否则转到第(5)步,结束循环。

(3) 执行"表达式3"。

(4) 重复执行步骤(2)和(3)。

(5) 结束循环。

for语句是while语句的一种变体,比while语句使用起来更加灵活。

【例4.4】 编写程序,使用for循环语句实现"俄罗斯方块"不断向下运动,直到运动到屏幕底部。

使用 for 语句完成任务,代码如下:

```
# include"screen.h"
# define SIZE 8

int main(){
    initGame(SIZE);

    int row;

    for( row = 0; row + 1 < SIZE; row++){
        clearScreen();
        turnOn(0 + row,3);
        turnOn(0 + row,4);
        turnOn(0 + row,5);
        turnOn(1 + row,4);

    }

}
```

编译并运行代码之后,"俄罗斯方块"也不断向下运动,直到运动到屏幕最底部为止。

相比 while 循环语句,for 循环语句结构更为紧凑,不容易遗忘变量的更新,尤其是多重循环时,优势更加明显,因此 for 循环语句使用非常广泛。

4.4　三种循环的比较

通过例 4.2～例 4.4 可知,一般情况下,对于同一问题,while、do-while、for 循环语句都可以处理,三者可以相互替代。

for 与 while 循环语句是"当型"循环,先判断后执行循环体。do-while 循环语句是"直到型"循环,先执行循环体后判断。因此,for 与 while 循环语句可能一次也不执行循环体的内容,而 do-while 循环语句至少执行一次循环体的内容。

如何选择循环来解决问题? 如果循环次数明确时使用 for 循环更为方便,而循环次数不确定时 while 循环语句更容易理解。如果第一次循环肯定执行,可以选择使用 do-while 循环语句。

for 循环语句比 while 和 do-while 循环语句功能更为强大,更灵活。for 循环语句中的三个表达式可以部分省略或全部省略,但是两个分号不能省略,而且语句的位置可以灵活多变。

例如:

```
for(row = 0; count < 6; count++){

}
```

可以写成如下格式:

```
for(count = 0; count < 6;){
    count++;
}
```

或者

```
count = 0;
for( ; count < 6; count++){

}
```

还有其他多种写法，这里不一一列举，从中不难看出 for 语句非常灵活。

4.5 嵌套循环语句

一个循环体内包含着另一个循环结构，称为嵌套循环。嵌套循环中还可以再继续嵌套循环，循环层次可以不断叠加，就像时间一样，秒、分、时、天、月等，可以不断叠加下去。三种循环语句均可以相互嵌套。

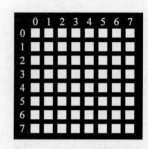

图 4.2　点亮屏幕所有的灯

视频讲解

【例 4.5】　编写程序，将屏幕所有的灯都点亮，如图 4.2 所示。

点亮屏幕所有的灯，可以使用双重循环实现：内层循环控制列，实现点亮某一行所有的灯；外层循环控制行，从第 0 行到 SIZE−1 行逐行点亮。代码如下：

```
#include"screen.h"
#define SIZE 8
int main(){
    initGame(SIZE);                    //初始化游戏,设置8行8列的灯
    int row,col;
    for(row = 0; row < SIZE; row++){   //外层循环控制行,从第0行到 SIZE - 1 行
        for( col = 0; col < SIZE; col++){  //内层循环控制列,点亮第 row 行所有灯
            turnOn (row,col);
        }
    }

    return 0;
}
```

编译并运行代码，所有的灯都点亮了。阅读嵌套循环时，就像看钟表一样，内层循环像秒针转了一圈，外层循环像分针转一格。内层循环点亮了某一行所有的灯，而外层循环控制行的变化，这样就能实现点亮所有的灯。

对于例 4.5 也可以使用两个 while 循环嵌套实现，代码如下：

```
#include"screen.h"
#define SIZE 8
```

```
int main(){
    initGame(SIZE);                         //初始化游戏,设置8行8列的灯
    int row = 0;
    int col;
    while (row < SIZE){                      //外层循环控制行,从第0行到SIZE-1行
        col = 0;                             //重新从第0列开始
        while( col < SIZE){                  //内层循环控制列,点亮第row行所有灯
            turnOn(row,col);
            col++;
        }
        row++;
    }
    return 0;
}
```

对比 while 和 for 循环语句,可以知道,for 循环语句的结构更为紧凑,而且不容易遗忘变量的更新。

【例 4.6】 编写程序实现流水灯。

所谓流水灯,就是先点亮第一盏灯,然后点亮旁边的第二盏灯,逐步将一行所有的灯都点亮,仿佛像流水一样。逐步点亮灯,代码如下:

视频讲解

```
#include"screen.h"
#define SIZE 8
int main(){
    initGame(SIZE);                         //初始化游戏,设置8行8列的灯
    int row,col;
    row = 0;
    for( col = 0; col < SIZE ; col++){
        turnOn (row,col);
    }

    return 0;
}
```

编译并运行代码,发现第0行的灯瞬间都点亮了,并没有出现流水灯的效果。其原因是程序运行的速度太快,人眼根本反应不过来,所以需要延时程序,点亮一盏灯之后,等待一段时间,再去点亮下一盏灯。

C 语言标准库函数中提供了延时函数,项目中提供的 clearScreen() 函数也有延时作用,但是 clearScreen() 函数会将屏幕上所有的灯都关掉,如果利用 clearScreen() 函数,如何实现流水灯效果呢? 稍加思考,就能找到解决方案:清屏之后,所有灯都关闭了,再次点亮灯时,不仅要点亮当前位置的灯,并且重新点亮它之前位置的灯,就能实现流水灯效果,代码如下:

```
#include"screen.h"
#define SIZE 8

int main(){
    initGame(SIZE);                         //初始化游戏,设置8行8列的灯
```

```
    int row,col;
    int count = 1;                          //点亮灯的个数
    row = 0;
    for( count = 1; count < SIZE; count ++){
        clearScreen();
        for(col = 0; col <= count; col++){
            turnOn (row, col);
        }
    }

    return 0;
}
```

编译并运行代码,第 0 行的灯逐步点亮,就像流水一样。

4.6 break 语句和 continue 语句

4.6.1 break 语句

在循环中,有时需要提前结束循环,例如游戏进行到一半时,想提前结束游戏,使用 C 语言提供的 break 语句,可以提前结束循环。在第 3 章中 break 语句与 switch 语句结合,可以跳出 switch 语句,同样 break 语句也可以跳出循环语句,结束循环。break 语句只能用于循环语句和 switch 语句,不能用于其他语句。

break 语句的一般形式为:

```
break;
```

视频讲解

【例 4.7】 编写程序,实现按键 W 控制小方块向上运动,按键 S 控制方块向下运动,按键 K 控制游戏结束。

相比第 3 章按键控制方块运动的任务,该任务多了一个新功能——按键 K 能够结束游戏。需要提前结束循环,则可以使用 break 语句,代码如下:

```
#include"screen.h"
#define SIZE 8
int main(){
    initGame(SIZE);                         //初始化游戏,设置 8 行 8 列的屏幕
    int row = 4;
    int col = 4;
    turnOn(row, col);

    char ch;
    while(1){
        ch = getch();

        if( ch == 'w' && row > 0){
```

```
            row = row - 1;
        }

        if( ch == 's' && row < SIZE - 1){
            row = row + 1;
        }


        /* K键结束循环 */
        if(ch == 'k'){
            break;
        }

        clearScreen();
        turnOn(row, col);
    }
    return 0;
}
```

运行代码,按键 W 控制小方块向上运动,按键 S 控制方块向下运动,按键 K 控制游戏结束,当按下按键 K 时,跳出循环,游戏结束。

4.6.2 continue 语句

continue 语句也可以提前结束循环,不过它只结束本次循环。即跳过本次循环剩下的部分,进入下一次循环。

continue 语句的一般形式为:

```
continue;
```

【例 4.8】 编写程序,实现单个小方块从第 0 行运动到最后一行的动画,按键 P 是播放键,只有按下按键 P 才开始播放动画。

按键 P 是播放键,也就是按下按键 P 才播放。程序中可以使用 continue 语句,当按下的不是按键 P 时,结束本次循环,跳过后面的语句,代码如下:

```
# include"screen.h"
# define SIZE 8
int main(){
    initGame(SIZE);                    //初始化游戏,设置8行8列的屏幕
    int row = 0;
    int col = 4;

    char ch;

    while(1){
        ch = getch();
        /* 如果不是按键 P,则结束本次循环,执行下一次循环 */
        if( ch != 'p'){
```

```
                continue;
            }

            for( row = 0; row < SIZE; row++){
                clearScreen();
                turnOn(row,col);
            }
        }
        return 0;
    }
```

编译并运行代码,只有按下按键 P 才能开始动画。对于例 4.8,也可以不使用 continue 语句完成,代码如下:

```
#include"screen.h"
#define SIZE 8
int main(){
    initGame(SIZE);                    //初始化游戏,设置 8 行 8 列的屏幕
    int row = 0;
    int col = 4;

    char ch;

    while(1){
        ch = getch();
        if( ch == 'p'){
            for( row = 0; row < SIZE; row++){
                clearScreen();
                turnOn(row,col);
            }
        }

    }
    return 0;
}
```

C 语言非常灵活,可以用多种方法实现同一功能。需要注意 continue 语句和 break 语句的区别: break 语句是终止整个循环过程,而 continue 语句只结束本次循环,而且 continue 语句只能用在循环语句之中。

4.7 综合案例:"士兵"巡逻

视频讲解

假设"士兵"在屏幕中最上面的一行来回巡逻,编写程序实现该功能。

来回巡逻,意味着"士兵"运动到左右边界时改变运动方向。设置一个变量表示运动方向,当运动到左右边界时,就变成相反方向,代码如下:

```
#include"screen.h"
#define SIZE 8
int main(){
    initGame(SIZE);                        //初始化游戏,设置8行8列的灯
    int row = 0, col = 4;
    int dcol = 1;                          //向右运动
    while(1){
        if(col == 0 || col == SIZE - 1){   //判断是否运动到边界
            dcol = - dcol;                 //改变运动方向,朝相反方向运动
        }

        clearScreen();
        turnOn(row,col);
        col = col + dcol;
    }

    return 0;
}
```

编译并运行代码,"士兵"在第 0 行来回运动,运动到边界时就改变方向,朝相反方向继续运动。

习题

4.1 下列程序段,关于循环执行的次数说法正确的是_____。

```
int k = 5 ;
while(k > 1){
    k-- ;
}
```

    A. while 循环执行了 5 次   B. 循环执行了 0 次

    C. while 循环执行了 4 次   D. 循环执行了 3 次

4.2 执行以下程序,sum 的值为_____。

```
int sum = 0;
int i ;
for( i = 0; i <= 5; i++){
    sum += i;
}
```

    A. 10   B. 15   C. 21   D. 28

4.3 点亮矩阵中的部分灯,使其呈现如杨辉三角的模样,如图 4.3 所示。

第 0 行点亮第 1 个灯;

第 1 行点亮第 1、2 个灯;

...

第 n 行点亮所有的灯。

4.4　尝试编写程序，在屏幕上显示倒杨辉三角图形，如图 4.4 所示。

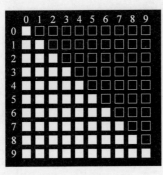

图 4.3　杨辉三角

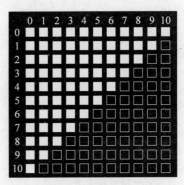

图 4.4　倒杨辉三角

4.5　尝试编写程序，一个"士兵"沿着屏幕最外层的四周，顺时针"巡逻"。

第5章

数　　组

"俄罗斯方块"每种形状由 4 个小方块组成,将其显示在屏幕上,可以通过 4 条语句实现,每一条语句显示一个小方块。当数据量较小时,这种方式还能勉强应付。但是当数据量较大时,例如"贪吃蛇"游戏中,"贪吃蛇"吃到了很多食物,整个身体变得比较长,由几十个方块组成,就不能采用这种方法。处理大量相关数据时,就需要更好的方式进行存储和处理。在生活中如果数据较多,人们会采用一张表格记录数据,这样处理数据会方便很多。C 语言也提供了一种类似表格一样的结构去存储数据,被称为数组,数组能高效、便捷地处理数据。

5.1　一维数组

数组是同类型有序数据的集合,其中的每一个元素都是相同类型。例如数组有 10 个元素,这10 个元素都必须是同一类型。数组是存储在一段连续的空间上,可以通过数组名称加索引(也被称为下标或者偏移量)访问数组中的元素,如图 5.1 所示。

1	2	3	4	5	6	7	8	9	10								

图 5.1　数组存储数据示意图

这就像军训时,学生们站成一排,教官可以通过位置指挥学生队列。例如,让第 5 列的学生出列,对应位置的学生接到指令后就出列。

5.1.1　一维数组的定义

使用数组与使用变量类似,使用之前需要先定义,普通变量能使用的类型,数组也能使用。
定义一维数组的形式:

类型说明符 数组名[数组大小]；

例如：

int name[100];

表示数组名为 name，此数组有 100 个元素，每个元素都可以存储 int 类型的值。［ ］表明 name 是一个数组，方括号中的数字表明数组中元素的个数。

定义数组时，需要指明元素的类型和元素的数量，并且给数组命名，数组名的命名规则与变量名的规则一致。另外，数组大小是一个常量表达式，C 语言不允许对数组的大小进行动态定义，所以不能是变量。

5.1.2　一维数组的初始化

一维数组的初始化与变量的初始化一样，也可以在定义时为数组中的元素赋初值。
例如：

int cols[5] = {6,5,4,3,2 };

需要注意的是：

（1）大括号中的数字个数不能超过数组元素的个数，但是可以少于数组元素的个数。例如：

int cols[5] = {6,5,4 };

上述数组有 5 个元素，花括号中只提供了 3 个初值，表示只给前面 3 个赋初值，后面 2 个元素都为 0。

（2）如果数组中元素初始值都为 0，可以写成：

int cols[5] = {0};

表示数组有 5 个元素，每个元素初始值都是 0。

（3）如果给数组的全部元素都赋初值，可以省略表示数组大小的常量表达式。例如：

int cols[] = {1,2,3,4,5};

系统会根据初值个数来确定元素的个数。如果想定义的数组大小与提供的个数不相同，则不能省略常量表达式。

5.1.3　一维数组的引用

如果需要使用数组中的元素，可以通过数组名称加下标（也被称为索引）进行访问。数组元素的形式为：

数组名[下标]；

C 语言中数组下标的值必须是整数，并且是从 0 开始的。例如：

int cols[5] = {6,5,4,3,2 };

cols[0]表示第一个元素，值为 6，cols[1]表示第 2 个元素，值为 5，如图 5.2 所示。

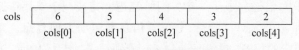

cols	6	5	4	3	2
	cols[0]	cols[1]	cols[2]	cols[3]	cols[4]

图 5.2 数组元素引用示意图

在生活中,对通过索引值获得相应的内容并不陌生。例如老师在上课时,常常会讲到翻看数学书的第 40 页,数学书就相当于数组名,不同的数组名意味着不同的书,而第 40 页中的 40 就是索引值。从数组中引用元素的过程与这类似,通过数组名找到对应的数组,然后通过索引找到对应位置的值。

例如:

```
cols[0] = cols[1] + cols[2];
```

表示将 cols[1] 的值 5 与 cols[2] 的值 4 相加,得到的结果存储到 cols[0]中,cols[0] 的值变为 9。

使用数组时,要防止数组下标越界。例如,数组 cols 有 5 个元素,使用该数组时,要确保下标范围为 0~4。

【例 5.1】 编写程序,使用数组保存"俄罗斯方块"的位置信息,并显示在屏幕上,如图 5.3 所示。

使用数组 rows、cols 分别存储 4 个小方块的行、列信息,然后使用变量 i 存储下标,通过循环语句就能遍历数组中所有的元素,根据元素存储的位置信息,点亮对应位置的灯,就能显示出"俄罗斯方块",代码如下:

视频讲解

```c
#include"screen.h"
#define SIZE 8
int main(){
    initGame(SIZE);

    int rows[4] = {0,0,0,1};
    int cols[4] = {3,4,5,4};

    int i;

    for(i = 0; i < 4; i++){              //下标为 0~3
        turnOn(rows[i], cols[i]);
    }
    return 0;
}
```

编译并运行代码之后,在屏幕上显示出"俄罗斯方块"。

【例 5.2】 编写程序,实现 4 个"士兵"不断上下巡逻,严防敌人入侵,如图 5.4 所示。

视频讲解

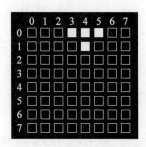

图 5.3 "俄罗斯方块"示意图

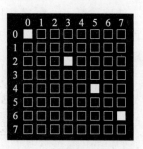

图 5.4 "士兵"巡逻示意图

在第 4 章综合案例中，已经完成了一个"士兵"巡逻。完成一个士兵巡逻的任务，需要 3 个变量才能实现，分别定义变量记录"士兵"的行、列位置信息和运动方向信息。现在有 4 个"士兵"则需要使用 3 个数组记录相应的信息，数组 rows、cols 分别记录"士兵"的行、列信息，数组 dcols 记录"士兵"的运动方向。数组 dcols 中的元素值为 1 时表示向下运动，为 −1 时向上运动，代码如下：

```c
# include"screen.h"
# define SIZE 8

int main(){
    initGame(SIZE);

    int rows[4] = {0,2,4,6};                    //存储每个"士兵"的行位置信息
    int cols[4] = {0,3,5,7};                    //存储每个"士兵"的列位置信息
    int drows[4] = {1,1,1,1};                   //存储每个"士兵"的运动方向信息

    int i;
    while(1){
        clearScreen();

        for(i = 0; i < 4; i++){
            turnOn(rows[i], cols[i] );
        }

        for(i = 0; i < 4; i++){
            rows[i] = rows [i] + drows[i];
        }

        for(i = 0; i < 4; i++){
            if(rows [i] == 0 || rows[i] == SIZE - 1){   //运动到边界时,改变方向
                drows[i] = - drows [i];
            }
        }
    }

    return 0;
}
```

编译并运行代码，4 个"士兵"不断上下巡逻。

该程序如果不使用数组记录数据，则需要使用 12 个变量记录各种数据，程序将会非常烦琐，容易出现错误。程序中使用数组可以高效、便捷地处理数据，使其变得简洁。

【例 5.3】 编写程序，实现按键 W、S、A、D 控制"贪吃蛇"上、下、左、右运动。图 5.5 所示为"贪吃蛇"向下运动示意图。

"贪吃蛇"与"俄罗斯方块"的运动规则不同，"俄罗斯方块"是整体运动，每个小方块运动方向都一致，例如向左运动，则 4 个小方块都相应左移一位。而"贪吃蛇"则不同，例如"贪吃蛇"向下运动，从图 5.5 中可以看出，0 号位置的小方块往下运动，而其他位置的小方块运动方向却各不相同，从中间的图中可知 1 号和 2 号方块向左运动，3 号方块向上运动，每个方块运动方向好像没有规律

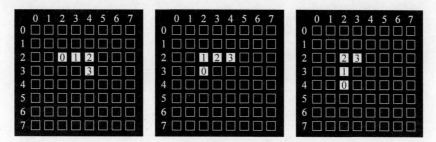

图 5.5　"贪吃蛇"向下运动示意图

似的,但是如果将"贪吃蛇"分为两部分:"蛇头"和"蛇身",就能发现规律,0 号位置的方块为"蛇头",其余位置的方块为"蛇身"。"贪吃蛇"运动的规律为:

(1)"蛇头"作为一个独立的部分,会根据按键控制的方向运动到相应的位置,例如向下运动,则"蛇头"行的值增加 1。

(2)"蛇身"每一部分移动到的位置,都是移动前与之相邻方块的位置。例如,2 号方块移动到 1 号方块原来所在的位置,1 号方块移动到 0 号方块原来所在的位置。

"蛇头"运动对应的代码如下:

```c
char ch = getch();
/* 向上运动 */
if(ch == 'w'){
  rows[0] = rows[0] - 1;
}
/* 向下运动 */
if(ch == 's'){
  rows[0] = rows[0] + 1;
}
/* 向左运动 */
if(ch == 'a'){
  cols[0] = cols[0] - 1;
}

/* 向右运动 */
if(ch == 'd'){
  cols[0] = cols[0] + 1;
}
```

"蛇身"运动数据变化的情况:

```c
rows[i] = rows[i-1];
cols[i] = cols[i-1];
```

也就是数组中的元素(除 3 号元素外)向后移一位,如图 5.6 所示。

对应的代码如下:

```c
for( i = 3; i > 0; i--){
    rows[i] = row [i - 1];
    cols[i] = cols[i - 1];
}
```

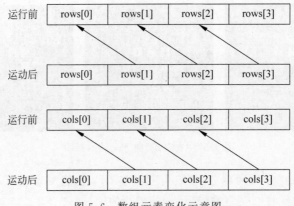

图 5.6　数组元素变化示意图

需要注意的是，要从最后一个元素倒着开始变化，如果代码如下：

```
for( i = 1; i < = 3; i++){
    rows[i] = rows[i - 1];
    cols[i] = cols[i - 1];
}
```

执行上述代码，循环过程如下：

当 i＝1 时，

```
rows[1] = rows[0]; cols[1] = cols[0];
```

当 i＝2 时，

```
rows[2] = rows[1]; cols[2] = cols[1];
```

当 i＝3 时，

```
rows[3] = rows[2]; cols[3] = cols[2];
```

则最终运行结果为：

```
rows[3] = rows[2] = rows[1] = rows[0];
cols[3] = cols[2] = cols[1] = cols[0];
```

最后所有元素的值都是数组中第 0 个元素的值，所以必须从数组中最后一个元素开始变化。同理，必须先处理完"蛇身"的运动，再处理"蛇头"的运动，否则 1 号位置的方块运动到"蛇头"移动后的位置，会导致"蛇头""蛇身"分家。

完整代码如下：

```
# include"screen.h"
# define SIZE 8


int main(){
    initGame(SIZE);


    /* "贪吃蛇"初始位置 */
```

```
int rows[4] = {2,2,2,3};
int cols[4] = {2,3,4,4};

int i;
char ch;
while(1){
    /*屏幕上显示"贪吃蛇"*/
    clearScreen();
    for(i = 0; i < 4; i++){
        turnOn(rows[i], cols[i]);
    }

    ch = getch();
    /*按键 W、S、A、D控制"贪吃蛇"上、下、左、右运动*/
    if(ch == 'w' || ch == 's' || ch == 'a' || ch == 'd'){
        for(i = 3; i > 0; i--){
            rows[i] = rows[i-1];
            cols[i] = cols[i-1];
        }
    }

    /*向上运动*/
    if(ch == 'w'){
        rows[0] = rows[0] - 1;
    }

    /*向下运动*/
    if(ch == 's'){
        rows[0] = rows[0] + 1;
    }

    /*向左运动*/
    if(ch == 'a'){
        cols[0] = cols[0] - 1;
    }

    /*向右运动*/
    if(ch == 'd'){
        cols[0] = cols[0] + 1;
    }
}

return 0;
}
```

编译并运行代码，按键 W、S、A、D 可以控制"贪吃蛇"运动。每一次按下按键，"贪吃蛇"运动一下，这与经典的"贪吃蛇"游戏有些区别，经典游戏中的"贪吃蛇"会朝着一个方向不停地运动，除非通过按键改变方向。这个问题会在本章综合案例中解决。

5.2 二维数组

例5.1中，"俄罗斯方块"只有一种形状，而实际的游戏中总共有7种不同形状的方块。每一种形状都需要使用一个一维数组保存方块的位置信息，则总共需要7个一维数组保存7种形状。虽然该方案可以解决问题，但是代码会变得非常烦琐。例如，随机产生某种形状的方块，则需要使用多条选择语句，根据不同的条件产生对应形状的方块，如果使用二维数组就能简化代码。二维数组与一维数组很相似，一维数组是多个相同类型元素的集合，而二维数组就是多个类型和大小都相同的一维数组的集合，因此二维数组也被称为数组的数组。

5.2.1 二维数组的定义

二维数组的定义一般形式为：

类型说明符 数组名[行大小] [列大小]

其中，行、列的大小必须是整型常量表达式。

例如：

```
int value[3][4];
```

表示数组 value 是一个二维数组，由3个一维数组组成，分别是一维数组 value[0]、value[1]、value[2]，每个一维数组有4个元素，数组共有 $3\times4=12$ 个数组元素，如图5.7所示。

value[0]	value[0][0]	value[0][1]	value[0][2]	value[0][3]
value[1]	value[1][0]	value[1][1]	value[1][2]	value[1][3]
value[2]	value[2][0]	value[2][1]	value[2][2]	value[2][3]

图5.7 二维数组示意图

与一维数组一样，二维数组在内存中也是按顺序存放的，先存放第0行的4个元素，接着存放第1行的4个元素。

有了二维数组的基础，三维甚至更多维数组也容易掌握。例如，定义三维数组的方法是：

```
int image[3][8][8];
```

可以把一维数组想象成一行数据，二维数组想象成一张表，三维数组想象成多张表。数组 image 中有3个 8×8 的二维数组。

5.2.2 二维数组的初始化

二维数组的初始化有如下两种方法。

(1) 分行给二维数组赋初值。例如：

```
int value[3][4] = {{5,4,3,2},{1,2,4,5},{3,2,1,4}};
```

这种方法的优点是比较直观，将第一个花括号内的数据赋给第0行的元素、第二个花括号内的数据赋给第1行的元素……即每行看作一个元素，按行赋初值。

（2）将所有数据写在一个花括号内，按数组排列的顺序对各元素赋初值。例如：

```
int value[3][4] = {5,4,3,2,1,2,4,5,3,2,1,4};
```

只要保证个数正确，两种初始化效果是一样的。

与一维数组相似，二维数组也可以只对部分元素赋值。例如：

```
int value[3][4] = {{5,4,3,2}};
```

只对第 0 行的元素赋值，其余元素的值自动为 0。

5.2.3　二维数组的引用

如果要访问二维数组中的某个元素，可以通过数组名、行下标和列下标。其形式为：

数组名[行下标表达式][列下标表达式]

与一维数组一样，行、列下标都是从 0 开始的。例如：

```
int value[3][4] = {{0,1,2,3},{4,5,6,7},{8,9,10,11}};
```

其中，value[0][3]的值 3，value[1][2]的值为 6，而 value[3][2]就是错误引用，行下标只能为 0,1,2，当行下标值为 3 时就越界了。

【例 5.4】　编写程序，实现每次按下按键 K，显示新的一种"俄罗斯方块"形状，"俄罗斯方块"形状如图 5.8 所示。

视频讲解

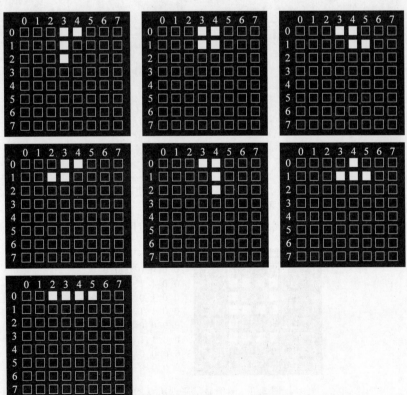

图 5.8　"俄罗斯方块"形状示意图

使用二维数组保存 7 种形状的位置信息，并且定义变量 index 记录当前显示的形状序列值，按下按键 K，index 增加 1，就能显示新的一种形状，当 index 的值等于 7 时，重新赋值为 0，这样就可以循环显示。还可以利用求余运算简化处理，对 7 求余，余数范围为 0~6，当显示到最后一种形状时，再继续单击按键，又可以显示第 0 种形状，这就是求余运算的妙用。代码如下：

```
# include"screen. h"
# define SIZE 8

int main(){
    initGame(SIZE);

    /*二维数组存储7种形状*/
    int rows[7][4] = {{0,0,1,2},{0,0,1,1},{0,0,1,1},{0,0,1,1},
                      {0,0,1,2},{0,1,1,1},{0,0,0,0}};
    int cols[7][4] = {{3,4,3,3},{3,4,3,4},{3,4,4,5},{3,4,3,2},
                      {3,4,4,4},{4,3,4,5},{2,3,4,5}};

    int i;
    int index = 0;
    char ch;
    while(1){
        clearScreen();
        for(i = 0; i < 4; i++){
            turnOn(rows[index][i], cols[index][i]);
        }

        ch = getch();
        if(ch == 'k'){
            index = (index + 1) % 7;              //更新形状
        }
    }

    return 0;
}
```

运行程序，按下按键 K 可以显示不同的形状。

二维数组应用非常广泛，在第 1 章时，讲解二进制原理使用了一幅图，如图 5.9 所示。

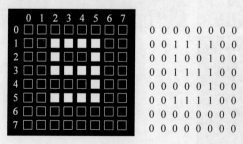

图 5.9　图像显示原理示意图

"屏幕"中显示的图像与旁边的数据形成一一对应的关系,使用二维数组保存图中右边的数据,然后根据数组中的数据点亮对应位置的灯,就能显示出图像来。只需要改变数组中的数据,屏幕就能根据数据显示各种图像,例如汉字、英文字符等。

【例5.5】 编写程序,显示图5.10所示的"9"的图像。

使用二维数组保存整个点阵的方块信息,如果该位置需要点亮,则数组对应位置的值为1;如果该位置不需要点亮,则数组对应位置的值为0。这样,二维数组与图像之间形成了一一对应的关系。显示出完整的"9",只需要在二维数组中,根据"9"的形状,设置好数值即可。代码如下:

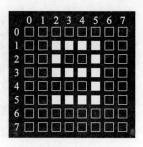

图5.10 显示"9"

视频讲解

```c
#include"screen.h"
#define SIZE 8
int main(){
    initGame(SIZE);

    /* 数字9对应的二维数组 */
    int value[SIZE][ SIZE] = {
        {0,0,0,0,0,0,0,0},
        {0,0,1,1,1,1,0,0},
        {0,0,1,0,0,1,0,0},
        {0,0,1,1,1,1,0,0},
        {0,0,0,0,0,1,0,0},
        {0,0,1,1,1,1,0,0},
        {0,0,0,0,0,0,0,0},
        {0,0,0,0,0,0,0,0},
    };


    int row,col;

    for(row = 0; row < SIZE; row++){
        for( col = 0; col < SIZE; col++){
            if(value [row][col] == 1){
                turnOn(row,col);
            }
        }
    }

    return 0;
}
```

编译并运行代码,屏幕上显示出"9"。只需要修改二维数组中的值,就可以显示各种各样的图像,图像在计算机中就可以用二维数组存储。如果想实现一个简单有趣的动画,可以使用三维数组,里面有多个二维数组,每个二维数组都存放一张图像信息。

【例5.6】 编写程序,实现"倒计时"小动画,如图5.11所示。

图5.11中总共有9幅图像,每一幅图像需要一个8×8大小的二维数组保存数据信息。所以,

视频讲解

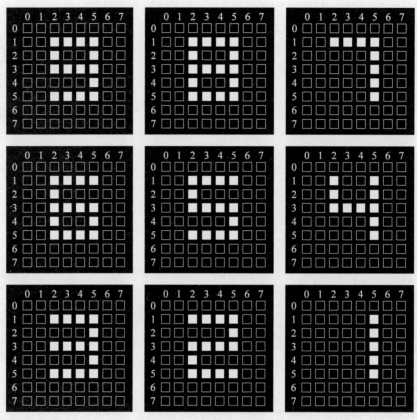

图 5.11 "倒计时"示意图

可以使用一个三维数组保存 9 幅图像的数据，大小为 9×8×8；也可以使用一个二维数组保存所有图像的数据，数组的大小为 72×8，0～7 行保存第一幅图像，8～15 行保存第二幅图像，以此类推。

使用一个二维数组保存所有图像的数据，代码如下：

```
# include"screen. h"
# define SIZE 8
# define IMAGENUM 9

int main(){
    initGame(SIZE);

    /*保存9幅图像的二维数组*/
    int value [ IMAGENUM * SIZE][ SIZE] = {
        {0,0,0,0,0,0,0,0},
        {0,0,1,1,1,1,0,0},
        {0,0,1,0,0,1,0,0},
        {0,0,1,1,1,1,0,0},
        {0,0,0,0,0,1,0,0},
        {0,0,1,1,1,1,0,0},
        {0,0,0,0,0,0,0,0},
        {0,0,0,0,0,0,0,0},
```

```
{0,0,0,0,0,0,0,0},
{0,0,1,1,1,1,0,0},
{0,0,1,0,0,1,0,0},
{0,0,1,1,1,1,0,0 },
{0,0,1,0,0,1,0,0},
{0,0,1,1,1,1,0,0},
{0,0,0,0,0,0,0,0},
{0,0,0,0,0,0,0,0},

{0,0,0,0,0,0,0,0},
{0,0,1,1,1,1,0,0},
{0,0,0,0,0,1,0,0},
{0,0,0,0,0,1,0,0 },
{0,0,0,0,0,1,0,0},
{0,0,0,0,0,1,0,0},
{0,0,0,0,0,0,0,0},
{0,0,0,0,0,0,0,0},

{0,0,0,0,0,0,0,0},
{0,0,1,1,1,1,0,0},
{0,0,1,0,0,0,0,0},
{0,0,1,1,1,1,0,0 },
{0,0,1,0,0,1,0,0},
{0,0,1,1,1,1,0,0},
{0,0,0,0,0,0,0,0},
{0,0,0,0,0,0,0,0},

{0,0,0,0,0,0,0,0},
{0,0,1,1,1,1,0,0},
{0,0,1,0,0,0,0,0},
{0,0,1,1,1,1,0,0 },
{0,0,0,0,0,1,0,0},
{0,0,1,1,1,1,0,0},
{0,0,0,0,0,0,0,0},
{0,0,0,0,0,0,0,0},

{0,0,0,0,0,0,0,0},
{0,0,1,0,0,1,0,0},
{0,0,1,0,0,1,0,0},
{0,0,1,1,1,1,0,0 },
{0,0,0,0,0,1,0,0},
{0,0,0,0,0,1,0,0},
{0,0,0,0,0,0,0,0},
{0,0,0,0,0,0,0,0},

{0,0,0,0,0,0,0,0},
{0,0,1,1,1,1,0,0},
{0,0,0,0,0,1,0,0},
{0,0,1,1,1,1,0,0 },
```

```
        {0,0,0,0,0,1,0,0},
        {0,0,1,1,1,1,0,0},
        {0,0,0,0,0,0,0,0},
        {0,0,0,0,0,0,0,0},

        {0,0,0,0,0,0,0,0},
        {0,0,1,1,1,1,0,0},
        {0,0,0,0,0,1,0,0},
        {0,0,1,1,1,1,0,0 },
        {0,0,1,0,0,0,0,0},
        {0,0,1,1,1,1,0,0},
        {0,0,0,0,0,0,0,0},
        {0,0,0,0,0,0,0,0},

        {0,0,0,0,0,0,0,0},
        {0,0,0,0,0,1,0,0},
        {0,0,0,0,0,1,0,0},
        {0,0,0,0,0,1,0,0 },
        {0,0,0,0,0,1,0,0},
        {0,0,0,0,0,1,0,0},
        {0,0,0,0,0,0,0,0},
        {0,0,0,0,0,0,0,0},
    };

    int index;
    int row,col;

    for(index = 0; index < IMAGENUM; index++){
        clearScreen();
        for(row = 0; row < SIZE; row++){
            for( col = 0; col < SIZE; col++){
                if(value[ index * SIZE + row][col] == 1){
                    turnOn(row,col);
                }
            }
        }
    }

    return 0;
}
```

也可以使用三维数组完成任务，代码如下：

```
# include"screen.h"
# define SIZE 8
# define IMAGENUM 9

int main(){
    initGame(SIZE);
```

```
/* 保存 9 幅图像的三维数组 */
int value [ IMAGENUM] [SIZE][ SIZE] = {
      {{0,0,0,0,0,0,0,0},
      {0,0,1,1,1,1,0,0},
      {0,0,1,0,0,1,0,0},
      {0,0,1,1,1,1,0,0},
      {0,0,0,0,0,1,0,0},
      {0,0,1,1,1,1,0,0},
      {0,0,0,0,0,0,0,0},
      {0,0,0,0,0,0,0,0}},

      {{0,0,0,0,0,0,0,0},
      {0,0,1,1,1,1,0,0},
      {0,0,1,0,0,1,0,0},
      {0,0,1,1,1,1,0,0},
      {0,0,1,0,0,1,0,0},
      {0,0,1,1,1,1,0,0},
      {0,0,0,0,0,0,0,0},
      {0,0,0,0,0,0,0,0}},

      {{0,0,0,0,0,0,0,0},
      {0,0,1,1,1,1,0,0},
      {0,0,0,0,0,1,0,0},
      {0,0,0,0,0,1,0,0},
      {0,0,0,0,0,1,0,0},
      {0,0,0,0,0,1,0,0},
      {0,0,0,0,0,0,0,0},
      {0,0,0,0,0,0,0,0}},

      {{0,0,0,0,0,0,0,0},
      {0,0,1,1,1,1,0,0},
      {0,0,1,0,0,0,0,0},
      {0,0,1,1,1,1,0,0},
      {0,0,1,0,0,1,0,0},
      {0,0,1,1,1,1,0,0},
      {0,0,0,0,0,0,0,0},
      {0,0,0,0,0,0,0,0}},

      {{0,0,0,0,0,0,0,0},
      {0,0,1,1,1,1,0,0},
      {0,0,1,0,0,0,0,0},
      {0,0,1,1,1,1,0,0},
      {0,0,0,0,0,1,0,0},
      {0,0,1,1,1,1,0,0},
      {0,0,0,0,0,0,0,0},
      {0,0,0,0,0,0,0,0}},

      {{0,0,0,0,0,0,0,0},
      {0,0,1,0,0,1,0,0},
      {0,0,1,0,0,1,0,0},
```

```
        {0,0,1,1,1,1,0,0},
        {0,0,0,0,0,1,0,0},
        {0,0,0,0,0,1,0,0},
        {0,0,0,0,0,0,0,0},
        {0,0,0,0,0,0,0,0}},

        {{0,0,0,0,0,0,0,0},
        {0,0,1,1,1,1,0,0},
        {0,0,0,0,0,1,0,0},
        {0,0,1,1,1,1,0,0},
        {0,0,0,0,0,1,0,0},
        {0,0,1,1,1,1,0,0},
        {0,0,0,0,0,0,0,0},
        {0,0,0,0,0,0,0,0}},

        {{0,0,0,0,0,0,0,0},
        {0,0,1,1,1,1,0,0},
        {0,0,0,0,0,1,0,0},
        {0,0,1,1,1,1,0,0},
        {0,0,1,0,0,0,0,0},
        {0,0,1,1,1,1,0,0},
        {0,0,0,0,0,0,0,0},
        {0,0,0,0,0,0,0,0}},

        {{0,0,0,0,0,0,0,0},
        {0,0,0,0,0,1,0,0},
        {0,0,0,0,0,1,0,0},
        {0,0,0,0,0,1,0,0},
        {0,0,0,0,0,1,0,0},
        {0,0,0,0,0,1,0,0},
        {0,0,0,0,0,0,0,0},
        {0,0,0,0,0,0,0,0}},

    };

    int index;
    int row,col;

    for(index = 0; index < IMAGENUM; index++){
        clearScreen();
        for(row = 0; row < SIZE; row++){
            for( col = 0; col < SIZE; col++){
                if(value[index] [row][col] == 1){
                    turnOn(row,col);
                }
            }
        }
    }

    return 0;
}
```

通过这个例子,可以感受到三维数组与二维数组没有本质区别,将二维数组按行分割就是三维数组。处理三维数组通常需要三重循环,四维数组需要四重循环。目前读者只需要会使用二维数组即可。三重循环有一些复杂,在程序中通常只需要使用二重循环,在第 6 章和第 10 章,会有不同的方法简化程序,将循环的层级降下来。

5.3 综合案例:"贪吃蛇"游戏

视频讲解

"贪吃蛇"是一款非常经典的休闲益智类游戏,玩法非常简单,通过上、下、左、右键控制蛇的运动方向,使蛇可以吃到食物。吃到食物之后,蛇会变得越来越长,如果撞上自己的身体或者墙壁,游戏就结束。这款游戏有几十年的历史,在此期间,衍生了各种版本,如增加多人对战模式、障碍物等新型玩法。

本章需要完成的版本非常简单,按键控制"贪吃蛇"上、下、左、右运动,当"贪吃蛇"吃到食物时,身体会变得越来越长。如图 5.12 所示,上面 4 个小方块构成的是"贪吃蛇",中间单独的方块是"食物"。

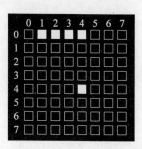

图 5.12 "贪吃蛇"游戏示意图

1. 初始化数据

"贪吃蛇"游戏主要包含两个重要角色:"贪吃蛇"和"蛋"。完成游戏的第一步,需要找到合适的数据类型存储游戏元素。"贪吃蛇"由一组方块组成,可以使用一维数组来存储"贪吃蛇"的位置信息。简易版的"贪吃蛇"游戏,假定每次屏幕上只出现一个"蛋",所以只需要单个变量就能存储"蛋"的位置信息。

"贪吃蛇"吃到"蛋"之后,身体会变长,而数组一旦定义之后,长度就固定了,那有没有可变长的数组呢? C 语言在新的 C99 标准中支持"可变长数组",但是很多编译器暂时不支持 C99 标准。不妨先将问题简化处理,先定义一个空间较大的数组,就像平时做预算时,把额度定得大一些,留下空间以备不时之需。同理,最开始时,将数组的大小设置大一些,留下足够的空间,应付不断变长的"贪吃蛇"。

选择好了合适的数据类型,就可以定义合适的数据类型保存数据。

保存"蛋"位置的变量为:

```
int foodRow,foodCol;
```

保存"贪吃蛇"的数据数组为:

```
int snakeRows[100] = {0,0,0,0};
int snakeCols[100] = {4,3,2,1};
```

另外,还需要变量记录贪吃蛇的长度,初始长度为 4:

```
int len = 4;
```

2. 显示"贪吃蛇"

初始化数据之后,根据数据信息,可以将"贪吃蛇""蛋"显示在屏幕上,代码如下:

```
#include"screen.h"
#define SIZE 8

int main(){
    initGame(SIZE);

    int foodRow = 4;
    int foodCol = 4;

    int snakeRows[100] = {0,0,0,0};
    int snakeCols[100] = {4,3,2,1};
    int len = 4;

    int i;

    while(1){
        clearScreen();
        for(i = 0; i < len; i++){
            turnOn(snakeRows[i], snakeCols[i] );
        }
        turnOn(foodRow,foodCol);

    }

    return 0;
}
```

编译并运行代码,"贪吃蛇"和"蛋"显示在屏幕上。

3. 按键控制"贪吃蛇"运动方向

接下来实现按键 W、S、A、D 控制"贪吃蛇"上、下、左、右运动。例 5.3 中实现的"贪吃蛇"游戏与经典版的"贪吃蛇"游戏有一点点区别,经典版中的游戏中,"贪吃蛇"一直沿着某个方向运动,按键按下改变其运动方向。这个问题很容易就能解决,需要使用到项目提供的 getKey()函数,getKey()函数是在 getch()函数的基础上加工而成的。它们之间的区别在于 getch()函数是阻塞式函数,意思是这个函数不执行完,程序就一直停在这里,使用 getch()函数时,必须按下任意键,才能执行后面的程序。getKey()函数是非阻塞式函数,如果想实现经典版"贪吃蛇"运动模式,就需要改用项目提供的 getKey()函数。解决方法是定义一个变量记录"贪吃蛇"运动的方向,分别使用 1、2、3、4 代表方向上、下、左、右,如果有方向键按下,"贪吃蛇"的运动方向根据按键发生变化,否则就按原方向继续运动,代码如下:

```
#include"screen.h"
#define SIZE 8

int main(){
    initGame(SIZE);
```

```
int foodRow = 4;
int foodCol = 4;

/ * "贪吃蛇"初始位置 * /
int rows[100] = {2,2,2,3};
int cols[100] = {2,3,4,4};
int len = 4;

int i;
char ch;
int dir = 2;                      //初始方向为向下
while(1){
/ * 屏幕上显示"贪吃蛇" * /
    clearScreen();
    for(i = 0; i < len; i++){
        turnOn(rows[i], cols[i]);
    }
    turnOn(foodRow,foodCol);

    ch = getKey();
    / * 按键方向键控制"贪吃蛇"运动方向 * /
    if(ch == 'w'){
        dir = 1;
    }

    if(ch == 's'){
        dir = 2;
    }

    if(ch == 'a'){
        dir = 3;
    }

    if(ch == 'd'){
        dir = 4;
    }


    for(i = 3; i > 0; i--){
        rows [i] = rows [i-1];
        cols [i] = cols [i-1];
    }


    if(dir == 1){
        rows[0] = rows[0] - 1;
    }

    if(dir == 2){
```

```
            rows[0] = rows[0] + 1;
        }

        if(dir == 3){
            cols[0] = cols[0] - 1;
        }

        if(dir == 4){
            cols[0] = cols[0] + 1;
        }

    }

    return 0;
}
```

　　编译并运行代码，"贪吃蛇"会一直沿着某个方向运动，除非通过按键改变运动方向。如果贪吃蛇运动到屏幕的边界，即将要出界，该如何处理？读者可以尝试完善程序，解决这个问题。

　　完成了通过按键控制"贪吃蛇"运动方向的任务之后，如果继续完成"贪吃蛇"吃到"蛋"变长的任务，容易出现错误。因为代码已经较为复杂了，继续再往上添加新的代码，可能产生错误，导致整个代码都无法运行。第6章将会讲解模块化程序设计，将程序分解成一个个独立的小模块，然后再将其组合成完整的项目。模块化的设计会降低程序设计的复杂度和难度，使得程序结构更清晰、层次更明确、更容易扩充、可维护性高。

习题

　5.1　"int a[10] = {1,2,3};"中数组 a 总共有＿＿＿＿个元素。
　　　A. 3　　　　　　　　B. 11　　　　　　　　C. 9　　　　　　　　D. 10
　5.2　"int a[2][3] = {1,2,3,4,5,6};"中元素 a[1][2]的值为＿＿＿＿。
　　　A. 2　　　　　　　　B. 4　　　　　　　　C. 5　　　　　　　　D. 6
　5.3　编写程序，按键控制"飞机"上、下、左、右移动，如图 5.13 所示。
　5.4　编写程序，显示一颗"爱心"，如图 5.14 所示。
　5.5　编写程序，显示"打砖块"游戏中的砖墙，如图 5.15 所示。

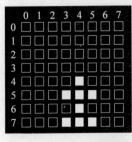
图 5.13　"飞机"示意图

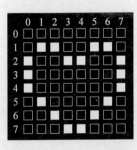
图 5.14　"爱心"示意图

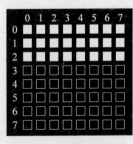
图 5.15　"砖墙"示意图

　5.6　编写程序，按键 K 控制"俄罗斯方块"旋转，如图 5.16 所示。

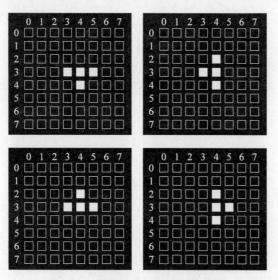

图 5.16 "俄罗斯方块"旋转示意图

5.7 编写程序,实现"俄罗斯方块"游戏中消行,当一行满行之后,然后消掉该行,该行上面的方块都往下掉一行,如图 5.17 所示。

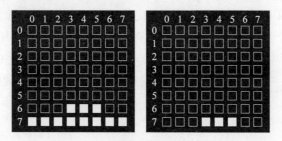

图 5.17 "俄罗斯方块"消行示意图

5.8 编写程序,实现"填满的爱心"小动画,如图 5.18 所示。

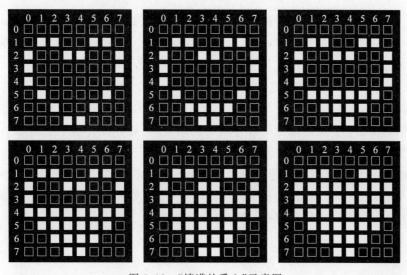

图 5.18 "填满的爱心"示意图

第6章

函　数

在第 5 章的案例"贪吃蛇"游戏中,虽然完成了按键控制"贪吃蛇"运动的部分,但是代码已经较为复杂。如果在其基础上继续完成其他功能,代码会变得臃肿不堪,非常容易出现错误,不利于维护和扩展。面对一个较大的程序,应该将其分解为若干个程序模块,每一个模块用来实现特定的功能。模块化程序设计可以降低程序设计的复杂度和难度,使得程序的结构更清晰,层次更明确,方便后期维护和扩展。在 C 语言中,程序的模块化设计可以通过函数来实现,函数就是完成特定任务的独立程序单元。

6.1　函数简介

对于函数,读者并不陌生,前 5 章的程序中已经多次使用过函数,turnOn()和 initGame()就是函数。函数是一段功能独立的完整程序段,可以被重复调用。使用函数,可以避免编写重复代码。就像 turnOn()函数一样,在不同的程序中都会使用到该函数。函数只需要编写一次就能多处使用,这样可以大大减少程序设计者的工作量。

另外,函数就像一个黑盒子,即使不了解其内容是如何实现的,仅仅了解其功能与使用方法,也可以熟练使用该函数。这无疑降低了程序设计的难度,让程序设计者不必将精力花费在"重复造轮子"上,而是专注于程序的整体设计和核心问题的解决。

掌握了函数的思想,会让读者的程序设计能力得到极大的提高,能够去挑战复杂的任务,做到"分而治之,逐个击破"。本章的重点是帮助读者学会自己定义函数,"自上而下"整体设计程序,使得程序模块化,从而结构清晰、层次明确、易于修改和完善。

6.2 库函数简介

在尝试自己编写函数之前,还是需要使用更多别人已经设计好的函数。通过使用已经设计好的函数,可以更加熟悉函数的作用和形式。就像学习写作之前,多阅读别人好的文章,可以事半功倍。除了项目提供的函数外,互联网上还有很多函数库。所谓函数库就是专家们编写的代码,建立的具有一定功能的函数集合。库可以直接拿来使用,例如在第 11 章,读者想做出有漂亮图形界面的游戏,就需要用到已经设计好的图像库。函数库中存放着各种功能的函数,利用这些库,可以完成各种有趣、复杂的任务。

库通常分为两种。一种是由官方编写的库,随编程语言一起发布,称为标准库。另一种是由一些组织机构或者个人开发的库,称为第三方库,第 11 章中所使用的图像库,就是第三方库。

本节将要学习的是标准库中的函数,由编译系统提供,通过引入相应的头文件,可以直接使用它们。不同的编译系统提供的库函数数量和功能有所不同,但是基本的函数是共有的。常见的标准库函数有:

(1) 输入输出函数,包含各种控制台、缓冲文件输入输出。

需要的头文件: stdio. h。

例如,之前用到的 getch()函数,以及本章要学习的 printf()函数、scanf()函数等。

(2) 数学函数,包括各种常用的指数、对数、三角函数等。

需要的头文件: math. h。

例如,pow()函数,作用是计算 x 的 y 次方;sqrt()函数,作用是求 x 的平方根;sin()函数、cos()函数等。

(3) 字符和字符串函数,包括各种对字符和字符串进行操作的函数。

需要的头文件: string. h、ctype. h。

例如,islower()函数,作用是判断是不是小写字符;strcmp()函数,作用是判断两个字符串是否相等,字符串相关的函数会在第 9 章详细介绍。

(4) 动态存储分配函数,包括申请分配和释放内存的函数。

需要的头文件: alloc. h 和 stdlib. h。

例如,malloc()函数、calloc()函数、realloc()函数、free()函数。动态存储分配函数会在第 7 章指针中详细介绍。

使用库函数时,需要包含对应的头文件。本章节主要讲解输入输出函数和数学函数。

6.2.1 输入输出函数

1. 格式化输出函数 printf()

printf()函数的功能是按指定格式向输出设备(通常是显示器)输出数据。printf()函数可以非常灵活地按照想要的格式输出数据。它的一般形式为:

printf(格式控制字符串,输出项列表);

格式控制字符串包含两种信息：格式控制说明和普通字符。

（1）格式控制说明。它的作用是按指定格式输出数据，以%开头，以转换字符结束。转换字符用于说明输出数据的类型，如%d，表示用十进制整型格式输出，%f 表示用实型格式输出，%c 表示以单个字符输出。

（2）普通字符按原样输出。

输出项列表是程序需要输出的一些数据，可以是常量、变量或者表达式。

【例 6.1】 编写程序，以不同形式输出日期。

完成任务的代码如下：

```c
# include < stdio.h>

int main(){
    int year = 2021;
    int month = 6;
    int day = 10;
    printf("%d年%d月%d日\n",year,month,day);
    printf("%d/%d/%d\n",year,month,day);

    return 0;
}
```

运行代码，输出的结果为：

```
2021 年 6 月 10 日
2021/6/10
```

程序的功能是分别按照 X 年 X 月 X 日和 X/X/X 方式输出日期。

输出项列表总共有 3 项，格式控制字符串中也有 3 个对应的格式控制字符，需要按照对应的格式依次将 3 个数据输出。

在格式控制字符串中尾部"\n"的作用是换行符，就如同使用微软的 Word 软件编辑文章时，按下 Enter 键一样：在下一行开始新的一行。C 语言程序编写时使用以"\"开头的特殊形式来表示一些有特殊意义或者不可显示的字符，称为转义字符。C 语言提供了非常多的转义字符，目前只需要掌握换行符即可。

上述代码，引用头文件的方式使用了<>，而不是""。通常情况下，文件包含的方式有两种：#include <文件名>和#include"文件名"。两者的区别在于：

（1）使用<>，直接到系统配置的库环境中查找。

（2）使用""，首先在当前项目所在的目录下查找包含文件，如果没有找到，再到系统默认的库环境中查找。一般情况下，使用标准库函数，使用<>方式；自己编写的函数，用""方式。

【例 6.2】 编写程序，使用 printf()函数实现 8 行 8 列的屏幕。

视频讲解

```c
# include < stdio.h>
# define SIZE 8
int main(){
    int i = 0;
```

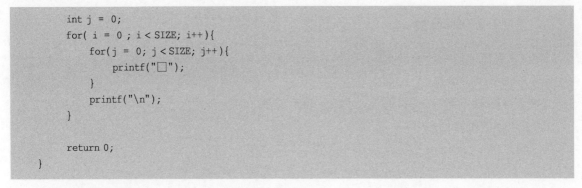

```
    int j = 0;
    for( i = 0 ; i < SIZE; i++){
        for(j = 0; j < SIZE; j++){
            printf("□");
        }
        printf("\n");
    }

    return 0;
}
```

这就是屏幕初始化 initGame()函数的实现原理。

2. 格式化输入函数 scanf()

scanf()函数是系统提供的输入库函数,用于从键盘输入数据,例如登录系统时,要从键盘输入密码。

scanf()函数使用方法如下:

scanf(格式控制字符串,地址列表);

printf()函数与 scanf()函数两者非常相似,都是使用格式控制字符串和参数列表,但是 scanf()函数中参数列表是地址列表。在输入基本类型的值时,需要在变量前面加一个取地址符 &。为什么 scanf()函数的参数中需要使用 &,在第 7 章指针中会解释原因。

【例 6.3】 编写程序,输入不同的整数 N,可以实现 N 行 N 列的屏幕。
完成任务的代码如下:

视频讲解

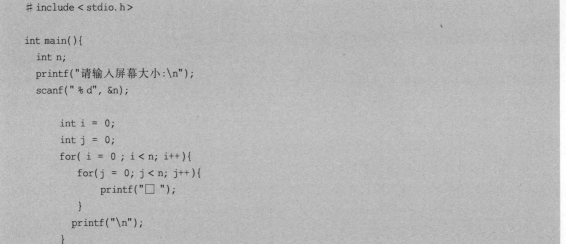

```
#include < stdio.h >

int main(){
  int n;
  printf("请输入屏幕大小:\n");
  scanf(" % d", &n);

    int i = 0;
    int j = 0;
    for( i = 0 ; i < n; i++){
        for(j = 0; j < n; j++){
            printf("□ ");
        }
        printf("\n");
    }
    return 0;
}
```

运行代码,可以根据通过键盘输入控制屏幕的大小。输入数字 8 时,就能出现 8 行 8 列的屏幕。

6.2.2　数学函数

视频讲解

数学函数用于数学计算，需要包含的头文件是 math.h。常用的数学函数有求绝对值、正弦值、余弦值和正平方根等。

【例6.4】　编写程序，通过海伦公式求三角形面积。海伦公式：已知三角形的三边长为 a、b、c，则该三角形的面积公式为：

$$s = \sqrt{p(p-a)(p-b)(p-c)}，其中 p = (a+b+c)/2。$$

求面积 s 需要求平方根，所以需要使用到 sqrt() 函数。代码如下：

```c
# include < stdio.h>
# include < math.h>

int main(){
    float a,b,c,p,s;
    printf("请分别输入三角形的三条边:\n");
    scanf("%f%f%f", &a,&b,&c);
    p = 1.0 / 2 * (a + b + c);
    s = sqrt(p * (p - a) * (p - b) * (p - c));
    printf("s = %f\n", s);
    return 0;
}
```

运行代码，输入 3↙ 4↙ 5↙，显示结果为 6.000000，其中↙为 Enter 键。

6.2.3　其他函数

对于一些不容易将其分类的标准函数，单独列出分类，需要包含的头文件为 stdlib.h。例如，游戏中常用的随机函数，通过随机函数产生的随机数可以实现随机产生各种道具、随机出现在某个位置等功能。rand() 函数可以随机产生一个 0～RAND_MAX 的伪随机数，其中 RAND_MAX 是一个系统定义的非常大的常量。

视频讲解

【例6.5】　编写程序，实现产生"贪吃蛇"游戏中的"食物"，"食物"随机出现在屏幕上任何位置。

"食物"的位置是随机的，如果屏幕的大小是 SIZE，则需要产生 0～SIZE－1 的随机整数。rand() 函数产生的随机整数是 0～RAND_MAX，借助求余运算可以产生 0～SIZE－1 的整数。代码如下：

```c
# include"screen.h"
# include < stdlib.h>
# define SIZE 8

int main(){
    initGame(SIZE);

    int foodRow = rand() % SIZE;
    int foodCol = rand() % SIZE;
```

```
    while(1){
        clearScreen();
        turnOn(foodRow,foodCol);

        foodRow = rand() % SIZE;
        foodCol = rand() % SIZE;

    }

    return 0;
}
```

运行代码,"食物"会随机出现在屏幕上。程序中隐藏了一个小问题,每次产生的随机序列都相同。读者可以测试一下,每次关闭程序,重新运行之后,"食物"出现的位置序列都是一样的。解决这个问题的方法很简单,设定随机数序列种子,代码如下:

```
#include"screen.h"
#include < stdlib.h >
#define SIZE 8

int main(){
    initGame(SIZE);

    srand(time(NULL));                    //设定随机序列种子

    int foodRow = rand() % SIZE;
    int foodCol = rand() % SIZE;

    while(1){
        clearScreen();
        turnOn(foodRow,foodCol);

        foodRow = rand() % SIZE;
        foodCol = rand() % SIZE;

    }

    return 0;
}
```

运行代码,检测发现,每次的结果都不相同,使用随机数种子可以获得更为随机的序列。

6.3 函数的定义与调用

在使用了这么多函数之后,会发现函数大体上有以下4种类型。

(1)无参函数:不需要向函数中传递数据,如 rand()函数、clearScreen()函数等。

（2）有参函数：需要向函数传递数据，如 turnOn() 函数、sqrt() 函数等，而且参数个数、数据类型都可能不相同。

（3）有返回结果的函数：例如 rand() 函数会返回一个整数，sqrt() 函数会返回一个浮点数。

（4）无返回结果的函数：例如 clearScreen() 函数、turnOn() 函数等，只需要完成规定的任务就行，执行完程序之后，没有返回值。

所以，函数的基本格式中需要包含函数的参数个数和数据类型，以及返回值的类型。函数在使用前都需要先定义，事先按照规范指定函数的名字、函数返回值类型、函数的参数以及函数主要完成的功能。否则，突然之间出现一个函数，计算机不知道它究竟要实现什么功能。

6.3.1 函数的定义

函数定义的一般格式为：

```
返回值类型 函数名(形参列表){
    声明部分;
    语句块;
}
```

一个函数包括如下 4 个组成部分：

（1）返回值类型：返回值通过 return 语句返回。例如 main() 函数的数据类型是 int，函数结束时通过"return 0;"语句向系统返回的值是 0，是整型数据。

例如：

```
返回值类型 ← int  max(int a, int b){
    int r;
    if(a > b){
        r = a;
    }
    else{
        r = b;
    }
    return r;  ——→ 返回函数的值
}
```

max() 函数的作用是比较两个整数的大小，并且将其中大的值返回给调用函数，返回值的类型是整型数据 int。

有些函数没有返回结果。例如，项目提供的 clearScreen() 函数，只需要执行相关指令，不需要返回结果。无返回值函数的类型关键字是 void。

（2）函数名称：函数的命名与变量的命名规则一样，每个函数都会执行特定的任务，所以好的函数名，能够通过名字就能知道函数的功能。

（3）参数：在调用函数时，有时会向函数传递值，例如使用 turnOn() 函数，点亮什么位置的灯，需要通过参数传递。参数的个数可以是任意的，只需要用逗号将不同参数分隔开，每一个参数都需要声明数据类型。例如，int max(int a,int b) 不能简写成 int max(int a,b)。

参数的个数也可以是 0 个,称作无参函数。例如 clearScreen()函数就没有参数。

(4) 函数体:函数需要执行的代码,是函数的主体部分,由{}包围。

6.3.2 函数的调用

定义好函数,根据函数的形式,在需要时可以调用函数。函数调用的一般形式为:

函数名(实参数列表);

如果函数没有参数,则括号中是空的,例如 clearScreen()函数,调用时直接使用"clearScreen();"
语句即可。

调用函数时,即使是无参函数,括号也不能省略。如果函数包含多个参数,各参数间用逗号隔
开。函数调用时实参的个数、类型、顺序与函数定义时形参列表一致。

例如,turnOn()函数,调用时"turnOn(1,2);"与"turnOn(2,1);"结果是不一样的。

【例 6.6】 编写程序,实现初始化屏幕 initGame()函数。

视频讲解

在例 6.2 中,已经实现了初始化 8 行 8 列的屏幕,现在需要将其功能封装成一个函数。首先分
析输入参数,参数只有 1 个,就是屏幕的大小,数据类型为整数。接着分析函数的返回值,函数只
需要执行初始化屏幕的任务,并不需要返回数据,所以类型返回值为 void。为了避免与项目中的
函数发生冲突,改用函数名为 initGameNew,则函数的格式为:

```c
void initGameNew(int n){
}
```

最后一步,就是完成函数体。根据例 6.2 的代码可知,完整的代码如下:

```c
#include <stdio.h>

void initGameNew(int n){
    int i,j;
    for(i = 0; i < n; i++){
        for(j = 0; j < n; j++){
            printf("□");
        }
        printf("\n");
    }

}


int main(){
    int size;
    printf("请输入屏幕大小:\n");
    scanf("%d",&size);
    initGameNew(size);
    return 0;
}
```

运行代码,输入 16 ↙,运行结果如图 6.1 所示。

图 6.1　初始化屏幕图

6.3.3　函数的参数

在调用函数时,如果主调函数和被调用函数之间有数据传递关系,就是有参函数。参数分为形参和实参。形参是函数定义时函数头中声明的变量,如"initGame(int n)"中 n 就是形参。实参是出现在函数调用圆括号中的表达式,如"initGame(8);"中 8 就是实参。实参可以是常量、变量或表达式,无论是怎么样的形式,都必须有具体的值,该值要被赋给作为形参的变量,例如上述例子就是将 8 赋给变量 n。因为被调函数使用的值是从主调函数值复制过来的,所以在执行函数过程中,被调函数中形参的值发生改变了,也不会改变到主调函数中的实参。这就像生活中的复印文件一样,实参就是原始文件,而形参就是复印件,无论在复印件中对数据怎么修改,原始文件上的数据都不会发生改变。这种方式称为"值传递",其好处就是被调函数不会改变主调函数中变量的值,保证了数据安全。

视频讲解

6.3.4　函数的返回值

有时函数需要向主调函数返回结果,函数的返回值使用关键字 return,return 后面的表达式值就是函数的返回值。

视频讲解

【例6.7】　编写函数,判断方块是否越界,若没有越界则返回值 1,若越界则返回值 0,然后完成按键 W、S、A、D 控制方块运动。

完成任务的代码如下:

```
# include "screen.h"
# define SIZE 8

int isInEdge(int trow, int tcol){
    int r;
    if( trow >= 0 && trow < SIZE && tcol >= 0 && tcol < SIZE){
```

```
                r = 1;
        }
        else{
                r = 0;
        }
        return r;

}

int main(){
    initGame(SIZE);
    int row = 4;
    int col = 4;
    char ch;
    while(1){
        clearScreen();
        turnOn(row,col);
        ch = getch();
        if(ch == 'w'){        //按键 W 控制向上运动
            if( isInEdge(row - 1 , col) )
                row = row - 1;
        }


        if(ch == 's'){        //按键 S 控制向下运动
            if( isInEdge(row + 1 , col) )
                row = row + 1;

        }

        if(ch == 'a'){        //按键 A 控制向左运动
            if( isInEdge(row , col - 1) )
                col = col - 1;
        }

        if(ch == 'd'){        //按键 D 控制向右运动
            if( isInEdge(row , col + 1) )
                col = col + 1;
        }


    }
    return 0;
}
```

isInEdge()函数返回值要么为 0,要么为 1,所以函数返回值类型为 int。

函数的返回值只能有一个,但一个函数体内可以有多个返回语句,无论执行到哪一个,函数都结束,返回到主调函数。例 6.7 的代码可以改写为:

```
int isInEdge(int trow, int tcol){

    if( trow >= 0 && trow < SIZE && tcol >= 0 && tcol < SIZE){   //在屏幕范围内
        return 1;
    }
    else{
        return 0;
    }

}
```

还可以修改为：

```
int isInEdge(int trow, int tcol){

    if( trow < 0 || trow >= SIZE){
        return 0;
    }


    if( tcol < 0 || tcol >= SIZE){
        return 0;
    }


    return 1;


}
```

无论执行到哪一个 return 语句，函数都将结束，返回到主调函数，而不执行函数下面的语句。

6.3.5　函数的声明和原型

调用函数时，原则上应该将函数完整的定义放在函数第一次调用的前面，如例 6.6 代码所示。但是在函数较多的情况下，函数彼此之间相互调用时，采用这种方法必须考虑函数的顺序，哪个函数写在前面，哪个写在后面，否则容易出现错误。

所以在实际编写程序时，C 语言允许先调用后定义，这个时候就需要先声明函数，将函数名、函数类型以及形参的类型、个数和顺序告知编译系统，让编译系统知道函数的存在。使用此方法不仅解决了源代码的组织问题，而且可以检查函数调用时参数类型和个数方面的错误。

函数声明给出了返回值类型、函数名、参数列表等信息。其一般形式为：

函数类型 函数名(形参列表);

函数声明与函数定义中的首行基本相同，只差一个分号。函数声明给出了返回值类型、函数名、参数列表等信息，也称为函数原型。函数原型的作用是告诉编译器与该函数有关的信息，让编译器知道函数的存在，以及存在的形式。

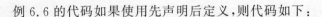

例 6.6 的代码如果使用先声明后定义，则代码如下：

```
# include < stdio.h >

void initGameNew( int n);

int main(){
    int size;
    printf("请输入屏幕大小:\n");
    scanf(" % d",&size);
    initGameNew(size);
    return 0;
}

void initGameNew(int n){
    int i,j;
    for(i = 0; i < n; i++){
        for(j = 0; j < n; j++){
            printf("□");
        }
        printf("\n");
    }

}
```

运行代码，也能根据输入数字显示相应屏幕。如果没有在前面事先声明函数，就将 initGameNew()函数的定义放在主函数之后，程序编译时会报错。

有了函数的声明，函数的定义就可以出现在文件的任何地方。在实际开发中，代码往往多达上万行，如果将所有代码都放在一个文件中，则管理起来非常不方便。一般情况下，会将代码分布在不同的文件中。对于多文件的程序，通常将函数声明放在头文件(.h)中，函数的定义放在源文件(.c)中。本书所使用的"模拟电子屏项目"也是这样设计的。screen.h 文件中是函数的声明，screen.c 文件是函数的具体实现，使用函数时只需要引入相应的头文件即可。

6.4 函数的嵌套调用和递归调用

6.4.1 函数的嵌套调用

C 语言允许在一个函数内部调用其他函数，这就是所谓的函数嵌套调用。例 6.6 中的程序就使用了函数的嵌套调用。执行 main()函数中调用 initGameNew()函数的语句时，即转去执行 initGameNew()函数，在 initGameNew()函数中调用 printf() 函数时，又转去执行 printf()函数，printf()函数执行完毕返回 initGameNew()函数的断点继续执行，initGameNew()函数执行完毕返回 main()函数的断点继续执行。

函数的嵌套调用就像物质的构成一样，可以不断分解，物质由原子构成，原子又由原子核和电子构成,原子核又由质子和中子构成……当一个任务非常复杂时,可以将任务分解成若干子任务,若干子任务可以继续分解,直到子任务容易实现为止。所以函数是模块化设计的基础,本质就是将复杂任务不断分解成容易实现的小任务。

6.4.2　函数的递归调用

在函数的相互调用中,有一种特殊情况,一个函数调用另外一个函数的过程中,出现了直接或者间接调用该函数本身,这种情况称为函数的递归调用。递归是一种很好的思维方法,它能将复杂的问题简单化。例如经典的"汉诺塔"游戏,如果掌握了递归思想,即使非常多的盘子,也能轻松玩转它。

【例6.8】　爬楼梯时,一般人每步上1阶或2阶台阶,如果有 n 阶台阶,编写程序求出有多少种不同的方法爬完楼梯。

当只有1阶台阶时,只有1种爬法。当有2阶台阶时,有2种爬法,一种是一步上2阶台阶,另外一种是爬两步,每步1阶台阶。当有 $n(n>2)$ 阶台阶时,则倒过来思考,根据最后一步,将问题分成如下两种情况。

(1) 最后一步走1阶台阶到达楼顶。

(2) 最后一步走2阶台阶到达楼顶。

如果 n 阶台阶,设有 $f(n)$ 种方法,则有递推关系:

$$f(n) = f(n-1) + f(n-2)$$

这就是经典的斐波那契数列的一个应用场景。

代码如下:

```c
#include<stdio.h>

int fibonacci(int n){
    if(n == 1) return 1;
    if(n == 2) return 2;
    return fibonacci(n - 1) + fibonacci(n - 2);
}

int main(){
    int n;
    scanf("%d", &n);
    int count = fibonacci(n);
    printf("%d", count);
    return 0;
}
```

fibonacci()函数就是典型的递归函数,只有当变量n的值为1或者2时,才会结束,否则一直调用自身。为了避免递归无法结束,在函数内必须有终止递归调用的边界条件。

递归调用比较难以理解,并且在运行时,需要的资源较多,通常情况下,可以使用循环来代替递归调用,对于初学者,只需要掌握递归思想即可。

6.5 数组作为函数参数

在第 5 章数组的学习中,使用一维数组保存数据,能使程序变得简单和灵活。数组可以作为函数的参数使用,进行数据传递。数组作为函数参数有两种方式:一种是数组元素作为函数参数;另一种是数组名作为函数参数。

【例 6.9】 经典的"飞机大战"游戏,如图 6.2 所示,下面大方块是"我方飞机",上面小方块是"敌方飞机"。

分别使用两个数组保存数据,将其显示在屏幕上,代码如下:

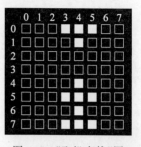

图 6.2 "飞机大战"图

视频讲解

```c
#include"screen.h"
#define SIZE 8
#define enemyNum 4
#define ownNum 8

int main(){
    initGame(SIZE);

    /*"敌方飞机"位置信息*/
    int enemyRow[enemyNum] = {0,0,0,1};
    int enemyCol[enemyNum] = {3,4,5,4};

    /*"我方飞机"位置信息*/
    int ownRow[ownNum] = {4,5,5,5,6,7,7,7};
    int ownCol[ownNum] = {4,3,4,5,4,3,4,5};

    /*显示"我方飞机"*/
    int i = 0;
    for(i = 0 ; i < ownNum; i++){
        turnOn(ownRow[i],ownCol[i]);
    }

    /*显示"敌方飞机:*/
    for(i = 0 ; i < enemyNum; i++){
        turnOn(enemyRow[i],enemyCol[i]);
    }

    return 0;
}
```

从代码可知,显示"我方飞机"和"敌方飞机"的程序是相似的,都是根据方块的位置显示在屏幕上。对于具有重复功能的代码,可以封装成函数。函数输入的参数是一维数组。一维数组作为函数的参数格式为:

```c
函数类型 类型函数名(参数类型 array[]){
}
```

数组作为函数的形参时，一般需要将数组元素的数目也作为参数，则根据一维数组数据将其显示在屏幕上的函数，代码如下：

```c
void showArray(int rows[],int cols[],int n){
    int i = 0;
    for(i = 0; i < n; i++){
        turnOn(rows[i],cols[i]);
    }
}
```

数组作为参数时，调用该函数，对应的实参是数组名，代码如下：

```c
#include"screen.h"
#define SIZE 8
#define enemyNum 4
#define ownNum 8

void showArray(int rows[],int cols[],int n){
    int i = 0;
    for(i = 0; i < n; i++){
        turnOn(rows[i],cols[i]);
    }
}

int main(){
    initGame(SIZE);
    int ownRow[ownNum] = {4,5,5,5,6,7,7,7};
    int ownCol[ownNum] = {4,3,4,5,4,3,4,5};

    int enemyRow[enemyNum] = {0,0,0,1};
    int enemyCol[enemyNum] = {3,4,5,4};

    showArray(ownRow,ownCol, ownNum);
    showArray(enemyRow, enemyCol, enemyNum);

    return 0;
}
```

一维数组可以作为数组的参数，同理二维数组也可以作为函数的参数。在例 5.5 中，已经完成了通过二维数组打印出有趣的形状。如果想显示各种不同的图像，可以设计一个显示各种形状的函数，输入参数为二维数组。

二维数组作为函数的参数格式为：

```c
类型函数名(参数类型 array[][n]){
}
```

二维数组可以省略第一维的长度，却不能省略第二维的长度，所以第二维的长度一定要设置成具体的常量数据。

【例 6.10】 编写程序,使用函数显示如图 6.3 所示的两幅图像。

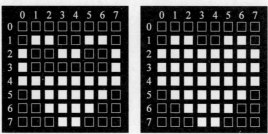

图 6.3 显示"跳动的心"

上述两幅图像都是 8 行 8 列大小,所以完成显示图像的函数代码如下:

```c
#include"screen.h"
#define SIZE 8

void showImage(int a[ ][SIZE]){
    int row = 0;
    int col = 0;
    for(row = 0; row < SIZE; row ++){
        for( col = 0; col < SIZE; col++){
            if(a[row][col] == 1){
                turnOn(row,col);
            }

        }
    }
}
```

二维数组的调用与一维数组一样,只需要输入对应的数组名即可。main()函数代码如下:

```c
int main(){
    initGame(SIZE);

    int image1[SIZE][ SIZE] = {
            {0,0,0,0,0,0,0,0},
            {0,1,1,0,0,1,1,0},
            {1,0,0,1,1,0,0,1},
            {1,0,0,0,1,0,0,1},
            {1,1,1,1,1,1,1,1},
            {0,1,1,1,1,1,1,0},
            {0,0,1,1,1,1,0,0},
            {0,0,0,1,1,0,0,0}
    };
    int image2[SIZE][ SIZE] = {
            {0,0,0,0,0,0,0,0},
            {0,1,1,0,0,1,1,0},
            {1,1,1,1,1,1,1,1},
            {1,1,1,1,1,1,1,1},
```

```
                {1,1,1,1,1,1,1,1},
                {0,1,1,1,1,1,1,0},
                {0,0,1,1,1,1,0,0},
                {0,0,0,1,1,0,0,0}
    };


    showImage(image1);
    clearScreen();
    showImage(image2);
    return 0;
}
```

利用二维数组显示不同形状的图形,在很多经典的小游戏中常常被用到。如果在一秒内显示多幅图形,就能构成动画。

视频讲解

【例 6.11】 编写程序,将"天天向上"显示在屏幕指定位置,如图 6.4 所示。

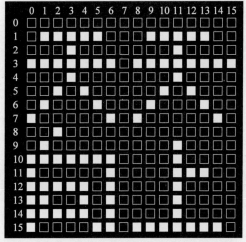

图 6.4 显示"天天向上"

实现这个任务,最容易想到的办法就是构建一个 16×16 的二维数组,根据图像设置二维数组中的数据,然后将图像显示在屏幕上。这个方法虽然能解决问题,但是不够灵活,不容易扩展,例如想实现逐字显示的动画,这种方法就无法实现。如果将每一个汉字当作一幅图像,由 8 行 8 列的点阵组成,将 showImage()函数新增两个参数,通过这两个参数控制汉字显示的位置,这样程序就非常灵活。函数代码如下:

```
#include"screen.h"
#define SIZE 8
void showImage(int a[SIZE][ SIZE],int orgRow, int orgCol){
    int row = 0;
    int col = 0;
    for(row = 0; row < SIZE; row++){
        for( col = 0; col < SIZE; col++){
            if(a[row][col] == 1){
```

```
                turnOn(row + orgRow,col + orgCol);
            }

        }
    }
}


int main(){
    initGame(16);

    /*"天"字数据信息*/
    int image1[SIZE][ SIZE] = {
            {0,0,0,0,0,0,0,0},
            {0,1,1,1,1,1,0,0},
            {0,0,0,1,0,0,0,0},
            {1,1,1,1,1,1,1,0},
            {0,0,0,1,0,0,0,0},
            {0,0,1,0,1,0,0,0},
            {0,1,0,0,0,1,0,0},
            {1,0,0,0,0,0,1,0}
    };

    /*"向"字数据信息*/
    int image2[SIZE][ SIZE] = {
            {0,0,1,0,0,0,0,0},
            {0,1,0,0,0,0,0,0},
            {1,1,1,1,1,1,1,0},
            {1,0,0,0,0,0,1,0},
            {1,0,1,1,1,0,1,0},
            {1,0,1,0,1,0,1,0},
            {1,0,1,1,1,0,1,0},
            {1,0,0,0,0,1,1,0}
    };

    /*"上"字数据信息*/
    int image3[SIZE][ SIZE] = {
            {0,0,0,0,0,0,0,0},
            {0,0,0,1,0,0,0,0},
            {0,0,0,1,0,0,0,0},
            {0,0,0,1,1,1,0,0},
            {0,0,0,1,0,0,0,0},
            {0,0,0,1,0,0,0,0},
            {0,0,0,1,0,0,0,0},
            {1,1,1,1,1,1,1,0}
    };

    showImage(image1,0,0);              //显示"天"字
    showImage(image1,0, SIZE);          //显示"天"字
```

```
showImage(image2, SIZE,0);              //显示"向"字
showImage(image3, SIZE, SIZE);          //显示"上"字

return 0;

}
```

新的函数增加了两个参数，作用是可以设置汉字在屏幕上的显示位置，在调用函数时设置这两个参数的值，就能灵活地将汉字显示在屏幕上的任何位置。

通过这个例子可以直观地感受到函数的魅力，函数让程序变得非常灵活，只需要将不同汉字的数据设置好，就能在屏幕上显示出各种文字信息。真实的电子屏显示原理也是如此，设计好字符库，然后就像活字印刷术一样，先将一个个汉字刻成模，然后根据文字内容对字模进行排版，就能印刷成书，非常灵活。

视频讲解

6.6 游戏框架

学习了函数之后，利用函数重构"贪吃蛇"游戏代码，将程序模块化，会发现有一种非常好用的框架，可以批量完成各种小游戏。在例 5.3 中，按键 W、S、A、D 分别控制着"贪吃蛇"的运动，为了优化这一部分，把它重新分解为如下两个模块。

（1）在屏幕上显示"贪吃蛇"；

（2）按键控制"贪吃蛇"运动。

每一个模块对应一个函数，代码如下：

```
#include"screen. h"
#define SIZE 8
void showSnake(int rows[],int cols[],int n){
    int i = 0;
    for(i = 0; i < n; i++){
        turnOn(rows[i],cols[i]);
    }
}


void moveSnake(int rows[],int cols[], int n ){
    char ch = getch();
    int i = 0;
    if( ch == 'a' || ch =='s' || ch == 'w' || ch == 'd'){
        for( i = n - 1; i > 0; i-- ){
            rows[i] = rows[i - 1];
            cols[i] = cols[i - 1];
        }


        /* 向上运动,"蛇头"行信息减 1 */
        if(ch == 'w'){
```

```
                rows[0] = rows[0] - 1;
            }

            /* 向下运动,"蛇头"行信息加 1 */
            if(ch == 's'){
                rows[0] = rows[0] + 1;
            }

            /* 向左运动,"蛇头"列信息减 1 */
            if(ch == 'a'){
                cols[0] = cols[0] - 1;
            }

            /* 向右运动,"蛇头"列信息加 1 */
            if(ch == 'd'){
                cols[0] = cols[0] + 1;
            }

        }
}

int main(){
    initGame(SIZE);
    int snakeRows[100] = {0,0,0,0};
    int snakeCols[100] = {4,3,2,1};
    int len = 4;

    while(1){
        clearScreen();
        showSnake(snakeRows, snakeCols, len);
        moveSnake(snakeRows, snakeCols, len);
    }
    return 0;
}
```

对比 5.3 节案例"贪吃蛇"游戏的代码,区别在于用函数将代码模块化设计了。

再结合例 5.6 动画的例子,会发现动画和游戏原理都是不断显示新的图像,利用人眼的视觉残差形成了动画。所以游戏的本质就是如下两件事。

(1) 根据数据信息显示图像。

(2) 更新数据信息,形成新的图像。

可以将游戏程序设计过程概括成如图 6.5 所示的框架图。

有了这个框架图,会发现开发小游戏就像流水线作业一样,按照框架一步一步,按部就班就能批量生产。

对应框架的代码如下:

视频讲解

图 6.5　游戏框架图

```
void initData(){
    语句;
}
```

```
void showData(){
    语句;
}

void updateData(){
    语句;
}

int main(){
    initData();
    while(1){
        showData();
        updateData();
    }
    return 0;
}
```

完成游戏时,只需要按照框架将每一部分代码填充即可。在本章的综合案例中将通过"贪吃蛇"游戏和"打砖块"游戏两个例子详细介绍。为了让读者专注于框架内容,作者对两个游戏做了简化处理,降低实现难度。

视频讲解

6.7　变量作用域

在6.6节的代码中,showSnake()函数和moveSnake()函数都使用了变量i,对于这种情况,读者会产生疑惑,它们是同一个变量吗？相互之间会有影响吗？

6.7.1　局部变量

使用函数时,程序设计者可以将其看成一个黑盒,函数的内部实现对于调用它的函数来说,细节是隐藏的。例如,即使程序设计者并不知道 turnOn()函数的实现细节,但是依然可以使用它。所以,在函数内定义的变量,它的作用域仅限于函数内部,被称为局部变量。在不同函数之间使用相同名字的变量,它们之间相互独立,互不干扰。例如,在主函数中定义的变量,只在主函数中有效。

6.7.2　全局变量

在函数内定义的变量是局部变量,而在函数之外定义的变量是全局变量。全局变量的作用范围从定义它的位置开始,到它所在的源文件末尾结束。全局变量可以为本文件中不同函数所共有。例如6.6节中的不同函数都会用到"贪吃蛇"所在的位置信息,如果将其设置为全局变量,则代码如下:

```
#include"screen.h"
#define SIZE 8
```

110

```
int rows[100] = {0,0,0,0};
int cols[100] = {3,2,1,0};
int len = 4;

void showSnake(){
    int i = 0;
    for(i = 0; i < len; i++){
        turnOn(rows[i],cols[i]);
    }
}

void moveSnake(){
    char ch = getch();
    int i = 0;
    if( ch == 'a' || ch =='s' || ch == 'w' || ch == 'd'){
        for( i = n - 1; i > 0; i-- ){
            rows[i] = rows[i - 1];
            cols[i] = cols[i - 1];
        }
                    /* 向上运动,蛇头行信息减 1 */
            if(ch == 'w'){
                rows[0] = rows[0] - 1;
            }

            /* 向下运动,蛇头行信息加 1 */
            if(ch == 's'){
                rows[0] = rows[0] + 1;
            }

            /* 向左运动,蛇头列信息减 1 */
            if(ch == 'a'){
                cols[0] = cols[0] - 1;
            }

            /* 向右运动,蛇头列信息加 1 */
            if(ch == 'd'){
                cols[0] = cols[0] + 1;
            }
    }


}

int main(){
    initGame(SIZE);

    while(1){
        clearScreen();
        showSnake();
        moveSnake();
    }
    return 0;
}
```

视频讲解

6.8 综合案例："贪吃蛇"游戏重构

程序设计的过程中，面对复杂项目，利用模块化思维分解任务，是关键的一步。读者一定要掌握模块化思维设计思维，为将来团队合作、协同完成大型应用软件做好准备。

1. "贪吃蛇"游戏

有了游戏框架之后，按照游戏框架完成"贪吃蛇"游戏。

"贪吃蛇"游戏角色有两个："贪吃蛇"和"蛋"。也就是每幅图像都需要包含这两个角色。完成游戏的第一步，找到合适的数据结构存储游戏角色，显示在屏幕上。"贪吃蛇"的信息由一个较大的数组保存。

选择好合适的数据结构，则可以完成游戏元素的显示。

保存"蛋"位置的变量为：

```
int foodRow,foodCol;
```

保存"贪吃蛇"的数据变量为：

```
int snakeRows[100],snakeCols[100];
```

完成了最重要的第一步，接下来就按照框架流程来进行，每一个角色都包含着相同流程：初始化数据→显示数据→更新数据，如图6.6所示。

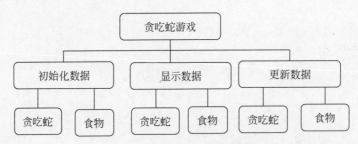

图6.6 "贪吃蛇"游戏框架图

（1）初始化数据。

"食物"的位置是随机的，代码如下：

```
int foodRow,foodCol;
int snakeRows[100],snakeCols[100];
int len;
void intiFood(){
    foodRow = rand() % SIZE;                    //"食物"随机出现在屏幕上的位置
    foodCol = rand() % SIZE;
}
```

```
void initiSnake(){
    int i;
    len = 4;
    for(i = 0; i < 4; i++){
        snakeRows[i] = 0;
        snakeCols[i] = i;
    }
}



void initData(){
    initSnake();
    initFood();
}
```

（2）显示数据。

初始化数据之后，根据数据显示"蛋"和"贪吃蛇"的代码如下：

```
void showFood(){
    turnOn(foodRow,foodCol);
}


void showSnake(){
    int i ;
    for( i = 0; i < len; i++){
        turnOn(snakeRows[i],snakeCols[i]);
    }
}


void showData(){
    clearScreen();
    showSnake();
    showFood();
}
```

（3）更新数据。

完成了"初始化数据"和"显示数据"两部分，剩下就是"更新数据"部分。数据会发生变化的情况包括如下两种情况。

第一种："贪吃蛇"的运动导致"贪吃蛇"位置信息发生变化；

第二种："贪吃蛇"吃到"食物"时，"贪吃蛇"的长度会发生变化，会产生新的"食物"，"食物"的位置信息会发生变化。

"贪吃蛇"运动数据更新的代码如下：

```
/*更新"贪吃蛇"数据*/
void updateSnake(){
```

```
char ch = getKey();
int i = 0;
/*按下 W 键,方向向上*/
if( ch == 'w'){
    dir = 1;
}
/*按下 S 键,方向向下*/
if( ch == 's'){
    dir = 2;
}
/*按下 A 键,方向向左*/
if( ch == 'a'){
    dir = 3;
}


/*按下 D 键,方向向右*/
if( ch == 'd'){
    dir = 4;
}




for( i = len - 1; i > 0; i-- ){
    snakeRows [i] = snakeRows [i - 1];
    snakeCols [i] = snakeCols [i - 1];
}
/*向上运动,蛇头行信息加 1*/
if(dir == 1){
    snakeRows [0] = snakeRows [0] - 1;
}


/*向下运动,蛇头行信息减 1*/
if(dir == 2){
    snakeRows [0] = snakeRows [0] + 1;
}
/*向左运动,蛇头列信息减 1*/
if(dir == 3){
    snakeCols [0] = snakeCols [0] - 1;
}
/*向右运动,蛇头列信息加 1*/
if(dir == 4){
    snakeCols [0] = snakeCols [0] + 1;
}

}
```

当"贪吃蛇"吃到"食物"时,"贪吃蛇"和"食物"数据都要发生变化。是否吃到"食物",这个模块的判决条件非常简单,就是"蛇头"运动到"食物"的位置,对应的代码如下:

```
/*更新"食物"数据*/
void updateFood(){
    if(snakeRows[0] == foodRow && snakeCols[0] == foodCol){
        initFood();
    }
}

/*更新"贪吃蛇"数据*/
void updateSnake(){
    char ch = getKey();
    int i = 0;
    /*按下 W 键,方向向上*/
    if( ch == 'w'){
        dir = 1;
    }
    /*按下 S 键,方向向下*/
    if( ch == 's'){
        dir = 2;
    }
    /*按下 A 键,方向向左*/
    if( ch == 'a'){
        dir = 3;
    }

    /*按下 D 键,方向向右*/
    if( ch == 'd'){
        dir = 4;
    }

    for( i = len - 1; i > 0; i-- ){
        snakeRows [i] = snakeRows [i - 1];
        snakeCols [i] = snakeCols [i - 1];
    }

    /*向上运动,"蛇头"行信息加1*/
    if(dir == 1){
        snakeRows [0] = snakeRows [0] - 1;
    }

    /*向下运动,"蛇头"行信息减1*/
    if(dir == 2){
        snakeRows [0] = snakeRows [0] + 1;
    }
    /*向左运动,"蛇头"列信息减1*/
    if(dir == 3){
        snakeCols [0] = snakeCols [0] - 1;
    }
    /*向右运动,"蛇头"列信息加1*/
    if(dir == 4){
        snakeCols [0] = snakeCols [0] + 1;
```

```
        }
        if(snakeRows[0] == foodRow && snakeCols[0] == foodCol){        //吃到食物
            len = len + 1;                                              //"贪吃蛇"长度增加
        }
}

/ * 更新数据 * /
void updateData(){
    updateFood();
    updateSnake();
}
```

完整的代码如下：

```
# include"screen.h"
# define SIZE 8

int foodRow,foodCol;
int snakeRows[100],snakeCols[100];
int len;
int dir;

void initFood(){
    foodRow = rand() % SIZE;
    foodCol = rand() % SIZE;
}

void initSnake(){
    len = 4;
    int i = 0;
    for(i = 0 ;i < len; i++){
        snakeRows[i] = 0;
        snakeCols[i] = i;
    }
    dir = 2;                                  //初始方向向下
}

void initData(){
    initFood();
    initSnake();
}

void showFood(){
    turnOn(foodRow,foodCol);
}


void showSnake(){
```

```
        int i ;
        for( i = 0; i < len; i++){
            turnOn(snakeRows[i], snakeCols[i]);
        }
}


void showData(){
    showSnake();
    showFood();
}


/* 更新"贪吃蛇"数据 */
void updateSnake(){
    char ch = getKey();
    int i = 0;
    /* 按下 W 键,方向向上 */
    if( ch == 'w'){
        dir = 1;
    }
    /* 按下 S 键,方向向下 */
    if( ch == 's'){
        dir = 2;
    }
    /* 按下 A 键,方向向左 */
    if( ch == 'a'){
        dir = 3;
    }

    /* 按下 D 键,方向向右 */
    if( ch == 'd'){
        dir = 4;
    }



    for( i = len - 1; i > 0; i-- ){
        snakeRows [i] = snakeRows [i - 1];
        snakeCols [i] = snakeCols [i - 1];
    }

    /* 向上运动,"蛇头"行信息加 1 */
    if(dir == 1){
        snakeRows [0] = snakeRows [0] - 1;
    }

    /* 向下运动,"蛇头"行信息减 1 */
    if(dir == 2){
        snakeRows [0] = snakeRows [0] + 1;
```

```
        }
        /*向左运动,"蛇头"列信息减1*/
        if(dir == 3){
            snakeCols [0] = snakeCols [0] - 1;
        }
        /*向右运动,"蛇头"列信息加1*/
        if(dir == 4){
            snakeCols [0] = snakeCols [0] + 1;
        }

        if(snakeRows[0] == foodRow && snakeCols[0] == foodCol){      //吃到食物
            len = len + 1;                                           //"贪吃蛇"长度增加
        }
    }

void updateFood(){
    if(snakeRows [0] == foodRow && snakeCols[0] == foodCol){
        initFood();
    }
}


void updateData(){
    updateSnake();
    updateFood();
}



int main(){
    initGame(SIZE);
    initData();
    while(1){
        clearScreen();
        showData();
        updateData();
    }
    return 0;
}
```

运行代码,游戏能实现"贪吃蛇"的基本功能,此时还差最后一步——"贪吃蛇"撞到墙壁或者自己时游戏结束,感兴趣的读者可以自己尝试完成该功能。

完成较为完整的游戏之后,发现程序设计其实就像搭积木一样,按照框架,将不同组件安装起来。

视频讲解

2. "打砖块"游戏

为了进一步感受"框架"的作用,不妨再完成一个经典的游戏:"打砖块"游戏。"这款游戏由苹果公司的创始人乔布斯和沃兹尼亚设计。从这款游戏中可以体验到乔布斯的"至繁归于至简"的设计思想。它的玩法非常简单:通过方向键控制底部的球拍左右运动,让小球通过不断反弹消除砖块,同时要保持小球不掉落。消掉的砖块越多,分数也就越高,如图6.7所示。

根据"贪吃蛇"游戏的经验,游戏中总共有3个角色:球、球拍和砖墙。每一个角色都需要找到合适的数据结构保存信息。球拍与"贪吃蛇"非常相似,可以使用一维数组去保存球拍组成的每个小方块的位置信息,然后根据位置信息显示出来。球与"食物"非常相似,使用单个变量就能保存位置信息,而顶部的砖墙则使用二维数组保存。找到合适的数据类型存储数据之后,按照游戏的框架,对每一个游戏元素进行初始化数据→显示数据→更新数据,直到完成游戏,如图6.8所示。

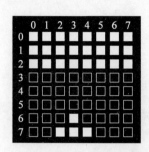

图6.7　"打砖块"游戏示意图

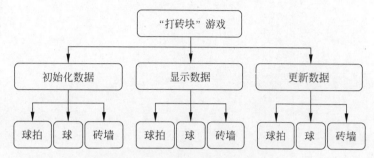

图6.8　"打砖块"游戏框架图

(1) 初始化数据。

根据图6.7所示,确定游戏角色的初始位置,初始化数据的代码如下:

```c
/*保存砖墙信息*/
int walls[8][8];

/*保存球拍信息*/
int batRows[3];
int batCols[3];

/*保存球位置信息*/
int ballRow;
int ballCol;

/*初始化球*/
void initBall(){
    ballRow = 6;
    ballCol = 3;
}


/*初始化球拍*/
void initBat(){
    int i = 0;
    for(i = 0 ;i < 3; i++){
        batRows[i] = 7;
        batCols[i] = 2 + i;
    }
}
```

```
/*初始化砖墙*/
void initWall(){
    int i = 0;
    int j = 0;
    for(i = 0; i < 3;i++){
        for(j = 0; j < 8; j++){
            walls[i][j] = 1;
        }
    }
}

void initData(){
    initBall();
    initBat();
    initWall();
}
```

（2）显示数据。

完成了数据的初始化，接着就是将数据显示在屏幕上，代码如下：

```
void showBall(){
    turnOn(ballRow,ballCol);
}

void showBat(){
    int i ;
    for( i = 0; i < 3; i++){
        turnOn(batRows[i], batCols[i]);
    }
}

void showWall(){
    int i = 0;
    int j = 0;
    for(i = 0; i < 3;i++){
        for(j = 0; j < 8; j++){
            if(walls[i][j] == 1){
                turnOn(i,j);
            }
        }
    }
}

void showData(){
    showBall();
    showBat();
    showWall();
}
```

（3）更新数据。

接下来完成的是球拍在按键的控制下，朝着某个方向运动。球拍的运动与"俄罗斯方块"运动相似，都是整体运动，代码如下：

```
/* 更新球拍数据 */
void updateBat(){

    char key = getKey();
    int i = 0;


    for(i = 0; i < 3; i++){
        /* 球拍只能左右运动 */
        if(key == 'a'){
            batCols[i] = batCols[i] − 1;
        }

        if(key == 'd'){
            batCols[i] = batCols[i] + 1;
        }
    }

}
```

球拍在按键的控制下沿着某个方向运动。不过，当球拍运动到边界时，球拍还会继续运动，引发错误，所以需要一个判断球拍是否到达了边界的函数：

如果向左运动，则球拍的最左端运动到第 0 列，不能继续向左运动。

如果向右运动，则球拍的最右端运动到第 7 列，不能继续向右运动。

根据上面的分析，代码如下：

```
/* 更新球拍数据 */
void updateBat(){

    char ch = getch();
    int i = 0;


    for(i = 0; i < 3; i++){
        if(ch == 'a' && batCols[2] > 2){
            batCols[i] = batCols[i] − 1;
        }

        if(ch == 'd' && batCols[2] < 7){
            batCols[i] = batCols[i] + 1;
        }
    }

}
```

球拍完成之后，接下来完成小球的运动，球运动时遇到障碍就反弹，如图6.9所示。

在第2章的案例中已经实现了球的反弹运动，定义两个变量表示小球运动方向：

```
int v;
int h;
```

变量v存储水平运动方向的值，值为−1时，表示向左运动；值为1时，表示向右运动。

变量h存储垂直运动方向的值，值为−1时，表示向上运动；值为1时，表示向下运动。

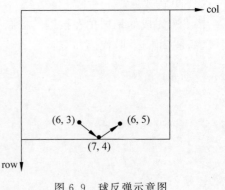

图6.9　球反弹示意图

当球运行到左右两边的边界时，球水平方向会反弹，对应的代码为：

```
v = - v;
```

当球运行到上下界面，或者遇到了球拍时会发生垂直反弹，对应的代码为：

```
h = - h;
```

根据上述情况，球运动的代码如下：

```
int h = - 1;                                           //垂直方向向上
int v = - 1;                                           //水平方向向左

/*更新球数据*/
void updateBall(){
    int ballNextRow,ballNextCol;                       //小球将要运动到的位置

    if(ballCol == 0 || ballCol == SIZE - 1){           //遇到屏幕左右边界
        v = - v;
    }

    if(ballRow == 0 || ballRow == SIZE - 1){           //遇到屏幕上下边界
        h = - h;
    }

    ballNextRow = ballRow + h;
    ballNextCol = ballCol + v;

    if(ballNextRow == batRows[2] &&
        ballNextCol >= batCols[0] && ballNextCol <= batCols[2]){   //遇到球拍
        h = - h;
    }


    ballRow = ballRow + h;
    ballCol = ballCol + v;

}
```

完成了球拍和球的部分,还差最后一部分:砖块伴随着球不断运动,被击中界面不断动态变化,如图 6.10 所示。

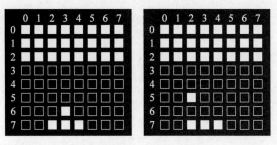

图 6.10 球运动方向示意图

接下来需要完成当运动的球击中砖块之后产生的影响。当球击中砖块时,砖块消失。所以,也就是球运动过的位置,如果对应的位置有砖块,则将对应位置的数组元素赋值为 0,代码如下:

```
void  updateWall(){
    walls[ballRow][ballCol] = 0;
}
```

更新数据的代码为:

```
int h = 1;
int v = 1;
void updateBat(){

    char key = getKey();
    int i = 0;


    for(i = 0; i < 3; i++){


        if(key == 'a' && batCols[2] > 2){
            batCols[i] = batCols[i] - 1;
        }

        if(key == 'd' && batCols[2] < SIZE - 1){
            batCols[i] = batCols[i] + 1;
        }
    }


}
void updateBall(){
    int ballNextRow,ballNextCol;

    if(ballRow == 0 || ballRow == SIZE - 1){
```

```
        h = - h;
    }

    if(ballCol == 0 || ballCol == SIZE - 1){
        v = - v;
    }

    ballNextRow = ballRow + h;
    ballNextCol = ballCol + v;

    if(ballNextRow == batRows[2] &&
        ballNextCol >= batCols[0] && ballNextCol <= batCols[2]){
        h = - h;
    }


    ballRow = ballRow + h;
    ballCol = ballCol + v;

}

void updateWall(){
    walls[ballRow][ballCol] = 0;
}


void updateData(){
    updateBall();
    updateBat();
    updateWall();

}
```

游戏完整的代码如下：

```
# include"screen.h"
# define SIZE 8
int ballRow,ballCol;
int batRows[3],batCols[3];
int walls[SIZE][ SIZE];

int v;
int h;


void initBall(){
    ballRow = 6;
    ballCol = 3;
```

```
    v = -1;
    h = -1;
}

void initBat(){

    int i = 0;
    for(i = 0 ;i < 3; i++){
        batRows[i] = 7;
        batCols[i] = 2 + i;
    }
}

void initWall(){
    int i = 0;
    int j = 0;
    for(i = 0; i < 3;i++){
        for(j = 0; j < SIZE; j++){
            walls[i][j] = 1;
        }
    }
}
void initData(){
    initBall();
    initBat();
    initWall();
}

void showBall(){
    turnOn(ballRow,ballCol);
}


void showBat(){
    int i ;
    for( i = 0; i < 3; i++){
        turnOn(batRows[i], batCols[i]);
    }
}

void showWall(){
    int i = 0;
    int j = 0;
    for(i = 0; i < 3;i++){
        for(j = 0; j < SIZE; j++){
            if(walls[i][j] == 1){
                turnOn(i,j);
            }
        }
```

```
        }
    }


void showData(){
    clearScreen();
    showBall();
    showBat();
    showWall();
}


void updateBat(){

    char key = getKey();
    int i = 0;


    for(i = 0; i < 3; i++){
        if(key == 'a' && batCols[2] > 2){
            batCols[i] = batCols[i] - 1;
        }

        if(key == 'd' && batCols[2] < SIZE - 1){
            batCols[i] = batCols[i] + 1;
        }
    }

}

void updateBall(){
    int ballNextRow,ballNextCol;

    if(ballRow == 0 || ballRow == SIZE - 1){
        h = - h;
    }

    if(ballCol == 0 || ballCol == SIZE - 1){
        v = - v;
    }

    ballNextRow = ballRow + h;
    ballNextCol = ballCol + v;

    if(ballNextRow == batRows[2] &&
       ballNextCol > = batCols[0] && ballNextCol < = batCols[2]){
        h = - h;
    }
```

```
    ballRow = ballRow + h;
    ballCol = ballCol + v;

}

void updateWall(){
    walls[ballRow][ballCol] = 0;
}


void updateData(){
    updateBall();
    updateBat();
    updateWall();

}


int main(){
    initGame(SIZE);
    initData();
    while(1){
        showData();
        updateData();
    }
    return 0;
}
```

通过已经完成的"贪吃蛇"和"打砖块"游戏,可以体会到按照游戏框架逐步完成小游戏,就像通过流水线生成产品一样。

如果完成一个新的小游戏,则设计步骤如下。

(1) 根据游戏规则,统计游戏画面中会出现的游戏角色。然后根据游戏角色的特征选择合适的数据类型保存数据,通常有变量、一维数组、二维数组。

(2) 根据这些角色在屏幕上最初的位置,对每一个角色的数据进行初始化。

(3) 根据数据,将每一个角色显示在屏幕上。

(4) 根据游戏规则,更新每一个角色的数据,形成新的画面。

习题

6.1　下列说法正确的是_____。

　　A. C语言程序从第一个定义的函数开始执行,到最后一个函数结束

　　B. C语言程序从主函数开始执行

　　C. C语言程序中 main() 函数必须放在程序的最开始部分

　　D. C语言程序中可以有两个或两个以上的主函数

6.2　编写程序，在屏幕上显示两辆赛车，如图 6.11 所示。

6.3　编写程序，在屏幕上显示 1314，如图 6.12 所示。

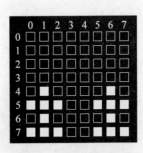

图 6.11　"赛车"示意图

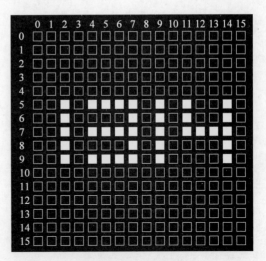

图 6.12　1314 示意图

6.4　编写程序，实现障碍物不断向下运动，运动到最底部时，又从最上面出现，如图 6.13 所示。

6.5　编写程序，实现简单的"赛车"游戏，按键控制赛车上、下、左、右运动，遇到障碍物重新开始游戏，如图 6.14 所示。

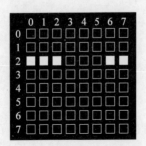

图 6.13　"障碍物运动"示意图

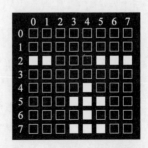

图 6.14　"赛车"游戏示意图

6.6　编写程序，完成自己设计的简单小游戏。

第7章

指　针

面对复杂的任务,有时需要构建非常复杂的数据结构,例如在"贪吃蛇"游戏或者"信息管理系统"中,存储的数据量是不确定的,如果使用数组则无法灵活应对。这时就需要链表这样的数据结构,能够根据数量大小灵活处理,实现按需分配。构建链表这种数据结构,就需要用到指针。

指针是 C 语言最重要的内容之一,也是 C 语言的精华。指针可以有效地构建复杂的数据结构,例如链表、树等;能够在函数之间传递各种类型的数据;能够直接处理内存地址,方便地操作字符串。熟练地掌握和使用指针,能够使程序更加简洁和高效。

7.1　指针的概念

读者或许对指针的概念比较陌生,但是指针的思想在生活中非常常见。在邮寄快递时,非常重要的一件事就是写清楚地址。如果地址清晰准确,那么快递员就可以非常方便地将快递送到相应的位置。

地址有着非常重要的作用。大量的数据存储在内存中,而内存中有非常多的存储单元,那如何方便地存取这些数据呢? 最好的方法就是对内存中的每个存储单元进行编号,这个编号就是地址,有了地址之后,就能非常方便地存储数据。例如,变量 k 的地址是 6420020,通过这个地址,就能找到对应位置存储的数据,如图 7.1 所示。

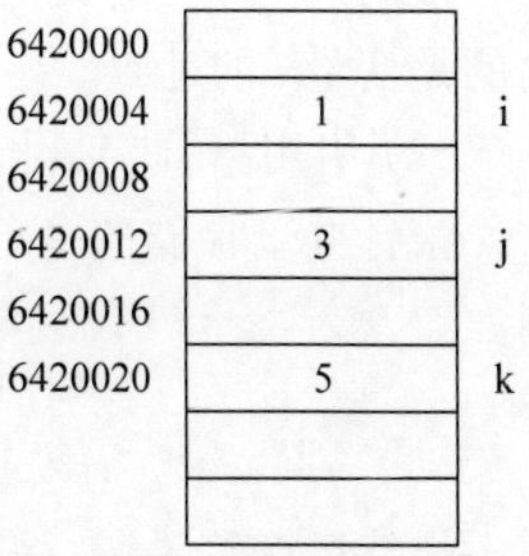

计算机通过地址可以很方便地找到所需的变量单元,可以说,地址"指向"该变量单元。在 C 语言中,将地址形象地称为"指针",意思就是通过它能找到以它为地址的内存单元,然后获得对应单元中存储的内容。整个过程与图书馆管理书籍非常像,对每本书都按照一定的规则

图 7.1　地址示意图

进行编号,有了这个地址编号,就可以很容易地对书籍进行存取。

7.2 指针变量

指针变量也是变量,它是专门用来存放地址的变量。如果一个变量存放另外一个变量的地址,则称指针变量指向该变量。例如指针变量 ptr,它的值是变量 i 的地址,则可以说指针变量 ptr "指向"变量 i。

7.2.1 定义指针变量

使用指针变量也需要先定义后使用。定义指针变量一般格式为:

类型说明符 * 指针变量名;

"*"标记非常重要,表示定义的变量是指针变量。

例如,"int * p;"表示变量 p 是一个指针变量,int 表示指针变量 p 指向的变量是整型变量,也就是指针变量 p 里面存储一个整型变量的地址。定义指针变量时,必须指定指针变量所指向变量的类型,因为不同的变量类型占用不同的存储空间。类型表明了指针变量所指向对象的类型,例如:

```
int * pi;                //pi 是指向 int 类型变量的指针变量
char * pc;               //pc 是指向 char 类型变量的指针变量
double * pd;             //pd 是指向 double 类型变量的指针变量
```

7.2.2 引用指针变量

程序中引用指针变量有多种方式,常用的有如下两种情况。

(1) 给指针变量赋值。

指针变量中存储的值是地址,不要将一个非地址类型的数据赋给一个指针变量。例如: pi 是一个指针变量,则语句"pi=1;"是不合法的。将一个变量的地址赋值给指针变量需要使用到取地址符 &,例如,& i 表示变量 i 的地址。

语句"pi=& i;"是合法的,作用是将变量 i 的地址赋给指针变量 pi,也就是指针变量 pi 里面存储的是变量 i 的地址。

(2) 引用指针变量指向的变量。

指针变量存储的是地址,如果想通过指针变量引用它所指向的变量,可以通过指针运算符 *。例如:

```
i = * pi;
```

指针运算符 *,就是获得存储在某个地址上的值。

取地址符 & 和指针运算符 * 的运算过程与生活中取快递的过程比较相似。先获得包裹所在的地址信息,然后根据对应的位置信息将包裹取回。例如:

```
int a = 5, y;
int * p = &a;
y = * p;
```

则 y 的值为 5。

需要注意的是,代码中两处都出现了 * p,但是它们表示不同的含义。在定义变量时,变量前面的 *,表示该变量是指针变量,如"int * p=&a;"语句表示 p 是指针变量。而在"y= * p;"语句中 * 表示指针运算符,作用是获取 p 所指向变量的值。

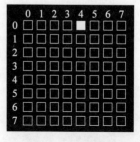
图 7.2 点亮屏幕灯

视频讲解

在很多高级语言中,地址归计算机管,对程序员隐藏。但是 C 语言可以通过地址运算符 & 访问地址,通过 * 运算符获得地址上的值,这让 C 语言非常强大和灵活。

【例 7.1】 点亮屏幕中的灯,如图 7.2 所示。

完成任务的代码如下:

```
#include"screen.h"
#define SIZE 8
int main(){
    initGame(SIZE);
    int row = 0;
    int col = 4;

    int * prow = &row;
    int * pcol = &col;

    turnOn ( * prow, * pcol);
    return 0;
}
```

这个例子并没有让代码变得简洁,只是说明指针变量的使用方法。

7.2.3 指针变量作为函数参数

指针变量的功能非常强大,7.2.1 节只是简单地介绍指针变量的作用。指针变量可以作为函数的参数,将一个变量的地址传送到另一个函数中,进行数据处理。例如:

```
#include"screen.h"
#define SIZE 8
void showSnake(int rows[], int cols[], int n){
    int i = 0;
    for(i = 0; i < n; i++){
        turnOn(rows[i],cols[i]);
    }
}

void eatFood(int len){
    if(1){
```

```
        len = len + 1;
    }
}

int main(){
    initGame(SIZE);
    int snakeRows[100] = {0,0,0,0,0};
    int snakeCols[100] = {5,4,3,2,1};
    int snakeLen = 4;

    showSnake(snakeRows, snakeCols, snakeLen);
    eatFood(snakeLen);
    clearScreen();
    showSnake(snakeRows, snakeCols, snakeLen);


}
```

这个例子的本意是模拟"贪吃蛇"吃到"食物","蛇身"变长的过程。通过 eatFood()函数实现吃到"食物"而"蛇身"变长的过程,eatFood()函数省略了"蛇头"吃到"食物"的判断条件,直接使用了if(1)函数。运行代码,结果显示"蛇身"并没有变长,也就是执行了函数语句"eatFood(snakeLen);"之后,变量 snakeLen 的值并没有像预期一样加 1。

由第 6 章可知,C 语言规定,实参变量对形参变量的数据传递是"值传递",将实参的值复制给形参,这种参数传递是单向的,在执行被调函数时,形参的值如果发生改变,不会反过来影响主调函数实参的值。所以 eatFood()函数中虽然形参 len 的值发生改变了,但是实参 snakeLen 的值却没有改变,因而不能实现预期目标。如果想实现通过改变形参的值,从而改变实参里的值,则需要将函数的参数修改成指针变量,代码如下:

```
#include"screen.h"
#define SIZE 8

void showSnake(int rows[],int cols[],int n){
    int i = 0;
    for(i = 0; i < n; i++){
        turnOn(rows[i],cols[i]);
    }
}

void eatFood(int *len){
    if(1){
        *len = *len + 1;
    }
}

int main(){
    initGame(SIZE);
    int snakeRows[100] = {0,0,0,0,0};
```

```
int snakeCols[100] = {5,4,3,2,1};
int snakeLen = 4;

showSnake(snakeRows, snakeCols, snakeLen);
eatFood(&snakeLen);
clearScreen();
showSnake(snakeRows, snakeCols, snakeLen);

return 0;
}
```

运行代码,结果显示"贪吃蛇"的长度由 4 变成了 5。因为函数修改后的 eatFood()函数是指针变量,调用函数时参数传递的不是变量 snakeLen 的值,而是它的地址,将地址作为参数传入,函数就能访问存储在这些位置的值并改变它们。如果想在被调函数中改变主调函数的变量,则可以使用指针作为函数的参数。这也是为什么格式化输入函数 scanf()中参数列表是地址列表,因为 scanf()函数会改变主调函数变量的值。

7.3 指针与数组

视频讲解

7.3.1 一维数组与指针

1. 一维数组与指针的关系

指针与数组有着天然亲近的关系,因为数组名就是数组首元素的地址,例如数组 a,a 与 &a[0] 两者的值是相等的,都是表示数组首元素的地址。如果定义指针变量:

```
p = &a[0];
```

指针变量 p 中存储的是元素 a[0]的地址,也就是将指针变量 p 指向 a 数组的首元素。其等价于

```
p = a;
```

例如:

```
int a[5] = {0};
int * p = &a[0];
```

等价于

```
int a[5] = {0};
int * p = a;
```

指针是一个地址,获得这个地址中存的值,可以使用指针运算符 * ,则 * a 的值应该等于 a[0]。对数组而言,地址加 1 意味着就是下一个元素的地址,而不是下一字节的地址。同理,地址减 1 就是上一个元素的地址。这也是为什么声明指针时,必须说明指向对象的类型原因之一。a+i 就是 a[i]的地址,或者说它们指向了数组 a 的第 i 个元素,而 * (a+i)与 a[i]等价。实际上,C 语言描述数组其实借助了指针, * (a+i)的意思就是"找到内存 a 的位置,然后移动 i 个单元,获得存在那里

的值"，a 移动 0 个单元，就是 a[0]，如图 7.3 所示。

语句"p＝a＋1；"与"p＝&a[1]；"也是等价的。

在引用数组元素时，既可以使用下标表示法，也可以使用指针表示法。如下代码分别使用下标表示法和指针表示法将数组的元素一一打印出来。

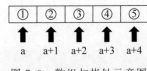

图 7.3　数组与指针示意图

使用下标表示法，代码如下：

```c
#include"screen.h"
#define SIZE 8

int main(){
    initGame(SIZE);

    int rows[4] = {0,0,0,1};
    int cols[4] = {3,4,5,4};

    int i;
    for(i = 0; i < 4; i++){
        turnOn(rows[i], cols[i]);
    }


    return 0;
}
```

使用指针表示法，代码如下：

```c
#include"screen.h"
#define SIZE 8

int main(){
    initGame(SIZE);

    int rows[4] = {0,0,0,1};
    int cols[4] = {3,4,5,4};

    int i;
    for(i = 0; i < 4; i++){
        turnOn( * (rows + i), * (cols + i));
    }


    return 0;
}
```

或者

```c
#include"screen.h"
#define SIZE 8
```

```
int main(){
    initGame(SIZE);

    int rows[4] = {0,0,0,1};
    int cols[4] = {3,4,5,4};
    int * prow , * pcol;
    for(prow = rows, pcol = cols; prow < rows + 4; prow ++, pcol++){
        turnOn( * prow, * pcol);
    }


    return 0;
}
```

指针表示法和下标表示法两者是等效的，但是下标表示法比较直观，能直接知道引用的是第几个元素。

2. 数组名作为函数的参数

在第 6 章介绍过可以使用数组名作为函数的参数，例如：

```
# include"screen. h"
# define SIZE 8

void showArray( int rows[ ], int cols[ ], int n){
    int i = 0;
    for(i = 0; i < n; i++){
        turnOn(rows[ i],cols[ i]);
    }
}

int main(){
    initGame(SIZE);

    int enemyRow[4] = {0,0,0,1};
    int enemyCol[4] = {3,4,5,4};


    showArray(enemyRow, enemyCol,4);

    return 0;
}
```

数组名作为函数的参数时，形参用来接收从实参传递过来的数组名，也就是数组首元素地址。所以形参是一个指针变量，C 编译器都是将形参数组名转换为指针变量处理的，例如：

```
void showArray(int rows[ ], int cols[ ], int n);
```

与

```
void showArray(int * rows, int * cols, int n);
```

两者是等价的，在编译时，编译器会自动将数组名转换成指针进行处理。例如：

```
#include"screen.h"
#define SIZE 8

void showArray(int * rows,int * cols,int n){
    int i = 0;
    for(i = 0; i < n; i++){
        turnOn(rows[i],cols[i]);
    }
}

int main(){
    initGame(SIZE);

    int enemyRow[4] = {0,0,0,1};
    int enemyCol[4] = {3,4,5,4};


    showArray(enemyRow, enemyCol,4);

    return 0;
}
```

运行代码，屏幕上会显示出对应图形。

【例 7.2】 编写程序，实现按键 A、D 控制"俄罗斯方块"游戏中 T 形块左右移动，如图 7.4 所示。

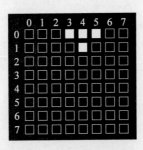

图 7.4 "俄罗斯方块"图

完成任务的代码如下：

```
#include"screen.h"
#define SIZE 8


void moveTetris(int * rows, int * cols, int n){

    char ch = getch();
    int i = 0;


    for(i = 0; i < n; i++){
```

```
        if(ch == 'a'){
            cols[i] = cols[i] - 1;
        }

        if(ch == 'd'){
            cols[i] = cols[i] + 1;
        }
    }

}

void showArray(int * rows, int * cols, int n){
    int i = 0;
    for(i = 0; i < n; i++){
        turnOn(rows[i], cols[i]);
    }
}




int main(){

    initGame(SIZE);
    int tetrisRows[4] = {0,0,0,1};
    int tetrisCols[4] = {3,4,5,4};
    int len = 4;
    while(1){
        clearScreen();
        showArray(tetrisRows, tetrisCols, len);
        moveTetris(tetrisRows, tetrisCols, len);
    }
    return 0;
}
```

运行代码,T 形块会因按下 A 或 D 键而左右移动。

7.3.2 多维数组与指针

用指针变量可以指向一维数组中的元素,也可以指向多维数组中的元素。多维数组的指针比一维数组的指针要复杂一些。先看看二维数组与指针的关系。例如二维数组 a 的声明如下:

```
int a[2][4];
```

该数组总共有 2 行,每行 4 个元素,即:二维数组 a 由 a[0]、a[1]两个一维数组组成,则数组名 a 等于 &a[0]。而 a[0]本身是包含 4 个元素的一维数组,如图 7.5 所示。

所以 a[0]等于 &a[0][0],通过指针运算符 * 可以获得对应地址的值,则 * (a[0])为 a[0][0]的值,因为 a 等于 &a[0],所以 * a 为 a[0]所对应地址存储的值,则 * (a[0])为 * (* a),为 a[0][0]的值。简而言之,a 是地址的地址,需要通过两次解引用才能获得原始值。通过双重指针获得

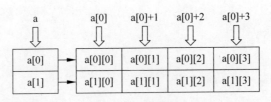

图 7.5　二维数组

二维数组对应位置的元素,例如:a[1][1]等价指针表达法为"＊(＊(a＋1)＋ 1);"。

使用下标表示法遍历二维数组,代码如下:

```
#include"screen.h"
#define SIZE 8
int main(){
    initGame(SIZE);

    /* 数字 9 对应的二维数组 */
    int value[SIZE][ SIZE] = {
        {0,0,0,0,0,0,0,0},
        {0,0,1,1,1,1,0,0},
        {0,0,1,0,0,1,0,0},
        {0,0,1,1,1,1,0,0},
        {0,0,0,0,0,1,0,0},
        {0,0,1,1,1,1,0,0},
        {0,0,0,0,0,0,0,0},
        {0,0,0,0,0,0,0,0},
    };


    int row,col;

    for(row = 0; row < SIZE; row++){
        for( col = 0; col < SIZE; col++){
            if(value [row][col] == 1){
                turnOn(row,col);
            }
        }
    }

    return 0;
}
```

使用指针表示法,代码如下:

```
#include"screen.h"
#define SIZE 8

int main(){
    initGame(SIZE);
```

```
/* 数字 9 对应的二维数组 */
int value[SIZE][ SIZE] = {
    {0,0,0,0,0,0,0,0},
    {0,0,1,1,1,1,0,0},
    {0,0,1,0,0,1,0,0},
    {0,0,1,1,1,1,0,0},
    {0,0,0,0,0,1,0,0},
    {0,0,1,1,1,1,0,0},
    {0,0,0,0,0,0,0,0},
    {0,0,0,0,0,0,0,0},
};


int row,col;

for(row = 0; row < SIZE; row++){
    for( col = 0; col < SIZE; col++){
        if( * ( * (value + row) + col) == 1){
            turnOn(row,col);
        }
    }
}

return 0;
}
```

7.4 综合案例:"俄罗斯方块"游戏重构

第 6 章的游戏中,为了方便读者掌握框架,在"贪吃蛇"游戏中使用了大量的全局变量。全局变量空间利用率不高,全局变量在程序的执行过程中一直占用存储单元,而不是仅在需要时才开辟单元。另外,全局变量降低了通用性,程序执行时还需要依赖全局变量。例如,显示"食物"和"球"的函数,都是将单个变量的数据显示在屏幕上,并且显示"贪吃蛇""球拍"的函数实际上都是遍历一维数组的元素,然后根据存储的位置信息,显示在屏幕上。但是因为函数中使用到全局变量,这些函数无法通用。如果将全局变量改成参数传递,将会提高代码的通用性。

例如,在"俄罗斯方块""打砖块"和飞机大战"等游戏中都有按键控制物体上、下、左、右运动,如果函数中使用全局变量,就无法直接使用,只能每个游戏再重新设计一遍。如果使用参数,就能非常好地解决这个问题,提高代码的重用性。代码如下:

```
# include "screen.h"
# define SIZE 8

void showArray(int * rows, int * cols, int len){
```

```
        int i ;
        for( i = 0; i < len; i++){
            turnOn(rows[i], cols[i]);
        }
}


void updateArray( int * rows, int * cols, int len, char key){

    int i;
    for( i = 0 ; i < len ; i ++){
        if( key == 'a'){
            cols[i] = cols[i] - 1;
        }

        if( key == 'd'){
            cols[i] = cols[i] + 1;
        }

        if( key == 'w'){
            rows[i] = rows[i] - 1;
        }

        if( key == 's'){
            rows[i] = rows[i] + 1;
        }

    }
}


int main(){

    int tertisRows[4] = {0,0,0,1};
    int tertisCols[4] = {3,4,5,4};
    int len = 4;

    initGame(SIZE);
    char key;
    while(1){
        clearScreen();
        showArray (tertisRows, tertisCols,len);

        key = getKey();
        updateArray (tertisRows, tertisCols,len,key);
    }
    return 0;
}
```

去掉全局变量,改用函数的参数传递数据,会发现按键控制物体运动的函数,可以直接在多个游戏中使用,而不需要做任何修改,大大提高了代码的重用率。所以,函数中尽量避免使用全局变量,这样使函数像黑盒子一样,隐藏内部实现细节。

重构的每个步骤都很简单,例如修改变量的命名、删除多余的一句代码或修改一条语句。这些小改变看起来微不足道,但是聚沙成塔,累积起来就能形成质变,从根本上改善程序的质量。在第 8 章学习结构体之后,将再次重构,可以进一步完善程序。

习题

7.1 下列代码段,正确的是_____。

A. int * p; int x; p = x;   B. int p ; int x; p = &x;

C. int * p; int x; p = &x;   D. int * p; int x; x = &p;

7.2 若有"int a[5], * p; p=a;",则能够正确表示数组元素 a[4]的是_____。

A. * p + 4;   B. * a + 4;

C. * (p+4);   D. a+4;

第8章

结　构　体

在"贪吃蛇"游戏中,如果想增加游戏的趣味性,新增一些功能,例如实现双人版本,每一个玩家控制一条"蛇",然后通过按键去抢"食物"。实现双人版游戏的关键是需要找到合适的数据类型保存数据,新增一条"蛇",则需要新增很多变量保存与"蛇"相关的信息,例如"蛇"的位置信息、长度、运动方向等。读者可以继续沿着之前的经验完成任务,但是"贪吃蛇"的数据相互之间孤立,没有形成一个整体,难以反映这些数据之间的内在联系,编写程序时容易造成混乱。

C语言允许用户自己定义一种构造的数据类型,称为结构体。结构体可以将一些相关变量组合起来,作为一个整体进行处理。例如一个学生的信息,包含学号、姓名、性别、年龄、联系方式等,如果仅仅使用基本数据类型或者数组类型,很难将它们构成一个整体。结构体就是将逻辑相关的数据放在一起,便于处理。

8.1　结构体类型的声明

结构体类型是一种聚合数据类型,能够将内在联系的数据汇聚成一个整体,使它们相互关联。结构体类型不是由系统定义好的,而是由程序设计者自己设计的。C语言提供了关键字 struct 来标识所定义的结构体类型,其声明形式为:

```
struct 结构类型名{
    成员列表;
};
```

结构体类型是一种集合,它里面包含了多个变量或数组,它们的类型可以相同,也可以不同,每个这样的变量或数组都称为结构体的成员,例如声明每个小方块位置信息的结构体类型如下:

```
struct node{
    int row;
```

```
    int col;
};
```

关键字 struct 标识所声明的是结构体类型,它向编译系统声明这是一个"结构体类型",结构体类型名为 node,包含 row 和 col 两个成员,成员的数据类型都是 int。struct node 是一个类型名,和系统提供的基本类型(int、float、double、char)一样,都可以用来定义变量的类型。

声明结构体类型,并没有创建实际的数据对象,如表 8.1 的表头一样,只是描述了对象由什么组成。结构体类型相当于一个模型,但是其中并无具体数据。

表 8.1　用户信息表

用 户 名	密 码	手 机 号
Tom	123456	130 **** 5678
Jack	111111	139 **** 5678
Lily	222222	134 **** 5678
Hanmeimei	333333	136 **** 5678

8.2　定义结构体类型变量

8.2.1　结构体类型变量的定义

结构体类型是一种数据类型,那么也可以像 int、float 一样声明和定义变量。在 C 语言中,定义结构体类型变量有以下 3 种方式。

(1) 先声明结构体类型,再定义变量。

例如上面已经声明好的结构体类型 struct node,可以用它来定义变量:

```
struct node node1,node2;
```

定义了两个变量 node1 和 node2,数据类型为 struct node,它们都具有 struct node 的结构,包含 row 和 col 两个成员。从本质上,node 的结构声明创建了一个名为 struct node 的新类型。

(2) 声明类型的同时定义变量。

结构体的定义和声明可以同时进行,例如:

```
struct node{
    int row;
    int col;
} node1, node2;
```

这种方法与第一种方法的作用是一样的,都定义了两个 struct node 类型的变量 node1 和 node2。

(3) 无类型名定义。

无类型名定义方式是指在定义结构体类型变量时,省略结构名。例如:

```
struct{
```

```
    int row;
    int col;
}node1,node2;
```

这种方式只适用于该结构体类型只使用一次的情况，如果要多次使用该结构体类型，还是建议采用前两种方式定义。

需要注意的是，在结构体中还可以包含另外一个结构体，例如，例 5.2 中，4 个"士兵"不断上下巡逻，程序设计时可以将"士兵"当成一个"整体"，构建一个"士兵"的结构体类型，不仅包含"士兵"的位置信息，还包括"士兵"的运动方向，例如：

```
struct soldier{
    struct node pos;
    int dir;
};
```

8.2.2　结构体变量的初始化

与 int、double 等类型变量一样，可以在定义结构体变量时，进行初始化。初始化结构体变量的形式与初始化数组非常相似，例如：

```
struct node node1 = {3,4};
```

使用一对{}将初始化数据括起来，各初始项数据用逗号分隔，初始化数据的个数与结构体成员的个数相同，按成员先后顺序一一对应赋值。因此，node1 中 row 成员的值为 3,col 成员的值为 4,也就是对应屏幕上第 3 行第 4 列的位置。

8.2.3　访问结构体中的成员

结构体与数组有着相似的地方，像一个升级版的数组。数组中所有元素都是相同类型的数据，而结构体可以是不同类型的数据，可以一个数据类型是 int,下一个数据类型是 double。数组可以通过下标访问数组中的元素，访问结构体中的成员也可以使用类似数组下标的方式，不过访问结构体成员的运算符不是"[]"，而是成员运算符"."。在 C 语言中，它的含义是访问结构体类型变量中的成员，格式为：

结构体变量名.成员名

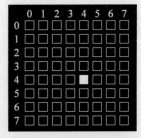

图 8.1　"食物"示意图

例如，访问结构体类型变量 node1 中 row 的成员，正确的方法是 node1.row。

【例 8.1】　编写程序，使用结构体，在屏幕中显示"贪吃蛇"游戏中的"食物"，如图 8.1 所示。

视频讲解

"食物"的位置信息，不再使用两个单独的整型变量表示，而是使用结构体变量，代码如下：

```
#include"screen.h"
#define SIZE 8
```

```
struct node{
    int row;
    int col;
};

int main(){
    struct node food = {4,4};
    initGame(SIZE);
    turnOn(food.row,food.col);
    return 0;
}
```

相比较使用两个变量分别保存一个位置的行列信息,使用结构体将位置信息作为一个整体进行处理,增加了程序的可读性,使程序更加清晰。

如果成员本身的数据类型也是结构体类型,则要用多个成员运算符,逐级地找到最低的一级成员,例如:

struct soldier soldierx;

访问结构体类型变量 soldierx 的行信息方式为:

soldierx.pos.row

也就是访问变量 soldierx 的成员 pos 中的成员 row。

【例 8.2】 编写程序,实现一个"士兵"上下来回巡逻,"士兵"的位置任选。

先完成一个"士兵"上下来回巡逻,运动到边界就改变运动方向,假设"士兵"的初始位置为第 2 行第 3 列,运行方向向下,代码如下:

视频讲解

```
#include"screen.h"
#define SIZE 8

struct node{
    int row;
    int col;
};

struct soldier{
    struct node pos;
    int dir;
};

int main(){
    struct soldier soldierx = {{2,3},1};
    initGame(SIZE);

    while(1){
        clearScreen();
        turnOn(soldierx.pos.row, soldierx.pos.col );
```

```
          / * 运动到边界时,改变运动方向 * /
          if(soldierx.pos.row + soldierx.dir < 0 || soldierx.pos.row + soldierx.dir == SIZE){
                  soldierx.dir = - soldierx.dir;
          }
          soldierx.pos.row = soldierx.pos.row + soldierx.dir;


    return 0;
}
```

8.3 结构体数组

无论是"贪吃蛇"和"打砖块"游戏,还是"俄罗斯方块"游戏中,都需要数组去保存多个方块的位置信息。现在每一个位置信息使用结构体变量保存,那么多个方块的位置信息则需要使用结构体数组保存。

定义结构体数组同定义其他数据类型数组相似,例如:

struct node nodes[4];

如上所示,定义结构体类型数组也需要先设定数组的大小,nodes 数组的大小为 4,数组的每一个元素都是结构体 node 型。nodes[0]就是数组中第一个 node 类型的结构体变量,nodes[1]为第二个 node 类型的结构体变量,与其他数据类型数组一致,如图 8.2 所示。

访问数组中的某个具体结构体变量的成员一般形式为:

结构体数组名[下标].成员名

整个过程其实分为两个步骤:先遵循数组的规定,使用数组名及下标访问数组中的元素,也就是具体的结构体变量;然后遵循结构体变量成员访问规定,使用成员运算符"."访问该变量的成员。

【例 8.3】 编写程序,在屏幕上显示"贪吃蛇"的形状,如图 8.3 所示。

视频讲解

	row	col
nodes[0]	0	3
nodes[1]	0	2
nodes[2]	0	1
nodes[3]	0	0

图 8.2 结构体数组示意图

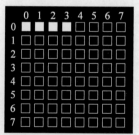

图 8.3 "贪吃蛇"示意图

"贪吃蛇"的每个小方块的位置信息由结构体类型变量表示,则需要结构体类型数组保存 4 个小方块的位置信息,代码如下:

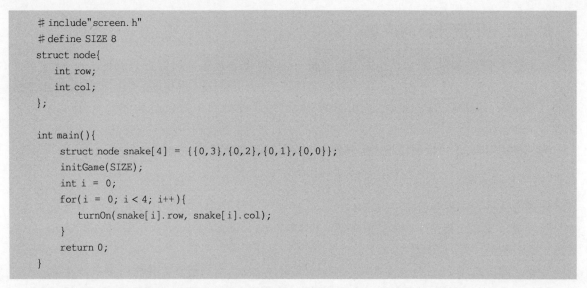

```
#include "screen.h"
#define SIZE 8
struct node{
    int row;
    int col;
};

int main(){
    struct node snake[4] = {{0,3},{0,2},{0,1},{0,0}};
    initGame(SIZE);
    int i = 0;
    for(i = 0; i < 4; i++){
        turnOn(snake[i].row, snake[i].col);
    }
    return 0;
}
```

运行代码,屏幕上显示如图 8.3 所示的图形。

8.4 指向结构体类型的指针

视频讲解

8.4.1 定义结构体类型指针变量

结构体类型指针变量的声明与其他数据类型指针变量定义类似,格式如下:

struct   结构体名 * 变量名;

例如:

struct node * pnode;

表示定义了一个指针变量 pnode,它指向一个 struct node 类型的数据。如果变量 food 是一个 struct node 类型的变量:

pnode = &food;

表示将结构体变量 food 的起始地址赋给指针变量 pnode,也就是使指针变量 pnode 指向变量 food,其含义如图 8.4 所示。

指针变量也可以用来指向结构体数组中的元素,例如,结构体类型数组 snake,让指针变量 pnode 指向数组元素 snake[0],可以写成:

图 8.4 结构体类型指针指向
变量结构示意图

pnode = &snake[0];

也可以写成:

pnode = snake;

8.4.2 用指针访问成员

如果指针变量 pnode 指向结构体类型变量 food,可以通过指针运算符 * 获得 food 的成员的值,(* pnode)表示 pnode 指向的结构体类型变量,(* pnode). row 是 pnode 指向结构体类型变量中的成员 row,等同于 food. row。成员运算符"."的优先级高于指针运算符" * ",所以括号不能省。

为了使用简单,还可以使用指向运算符->访问。其一般形式为:

结构指针 ->成员名

例如,pnode-> row 等价于(* pnode). row,都表示 p 所指向的结构体类型变量中 row 成员。如果指针变量 pnode 指向结构体类型变量 food,则 food. row 、(* pnode). row 和 pnode-> row 三种形式是等价的。

需要注意的是,pnode. row 或者 food-> row 是不合法的,指向运算符只能用于指针变量。

【例 8.4】 编写程序,使用结构体类型的指针变量完成例 8.3 在屏幕中显示"贪吃蛇"任务。完成任务的代码如下:

```
#include"screen.h"
#define SIZE 8
struct node{
    int row;
    int col;
};

int main(){
    struct node snake[4] = {{0,3},{0,2},{0,1},{0,0}};
    initGame(SIZE);
    struct node * pnode;

    for(pnode = snake; pnode < snake + 4; pnode++){
        turnOn(pnode -> row, pnode -> col);
    }
    return 0;
}
```

运行代码,屏幕上显示"贪吃蛇"的图形。

视频讲解

8.5 结构体作为函数的参数

如果将结构体变量的数据传递给另一个函数,是使用结构体变量作为参数,还是使用指针变量作为参数?

例如,在第 7 章的"贪吃蛇"游戏中显示"食物"的函数为:

void showFood(int row, int col){

```
    turnOn(row,col);
}
```

现在结构体变量表示位置信息,则函数可以修改为:

```
void showFood(struct node food){
    turnOn(food.row, food.col);
}
```

结构体变量作为参数,采用的是传值方式进行传递,需要对整个结构体进行复制,函数对结构体的成员值进行修改,只会修改复制的结构体成员值,而不会影响作为传入的实参结构体的值,这与普通类型变量作为参数是一样的。所以如果要对实参结构体的值进行修改,需要使用指针变量作为参数。

例如,吃到"食物"时,新的"食物"又随机出现在屏幕上。

```
void initFood(struct node * food){
    food->row = rand() % 8;
    food->col = rand() % 8;
}
```

使用结构体变量作为函数的参数,能够保证数据安全,但是传递结构、空间和时间开销大,尤其是当结构规模较大时,这个问题尤为突出,作为实参的内容全部按顺序依次传递给形参。当结构规模较小,而且无须改变实参结构体的值时,可以使用"值"传递的模式,用结构体变量作为参数。否则,使用指针变量作为参数,更为合理。

【例8.5】 编写程序,使用结构体重构"贪吃蛇"游戏代码。

将"贪吃蛇"当成一个整体,构建一个结构体,保存"贪吃蛇"的位置信息、长度信息和运动方向,如:

```
struct snake{
    struct node pos[100];
    int len;
    int dir;
};
```

使用结构体,重构贪吃蛇游戏的代码如下:

```
#include"screen.h"
#define SIZE 8

struct node{
    int row;
    int col;
};

struct snake{
    struct node pos[100];
    int len;
    int dir;
```

```c
};

void initFood(struct node * pfood){
    pfood -> row = rand() % SIZE;
    pfood -> col = rand() % SIZE;
}

void initSnake(struct snake * psnake){
    psnake -> len = 4;              //"贪吃蛇"初始长度为4
    psnake -> dir = 2;              //"贪吃蛇"初始运动方向为向下

    int i = 0;
    for( i = 0; i < psnake -> len; i++){
        psnake -> pos[i].row = 0;
        psnake -> pos[i].col = 3 - i;
    }
}

void showFood(struct node * pfood){
    turnOn(pfood -> row, pfood -> col);
}

void showSnake(struct snake * psnake){
    int i = 0;
    for(i = 0; i < psnake -> len; i++){
        turnOn(psnake -> pos[i].row, psnake -> pos[i].col);
    }
}

int isEatFood(struct snake * psnake, struct node * pfood){
    if(psnake -> pos[0].row == pfood -> row && psnake -> pos[0].col == pfood -> col){
        return 1;
    }
    else{
        return 0;
    }
}
void updateFood(struct snake * psnake, struct node * pfood){
    if(isEatFood(psnake, pfood)){
        psnake -> len = psnake -> len + 1;
        initFood(pfood);
    }
}

void updateDirection(struct snake * psnake){
    char key;

    key = getKey();

    if(key == 'w'){
```

```
            psnake -> dir = 1;
        }

        if(key == 's'){
            psnake -> dir = 2;
        }

        if(key == 'a'){
            psnake -> dir = 3;
        }

        if(key == 'd'){
            psnake -> dir = 4;
        }


}

void updateSnake(struct snake * psnake){
    int i;
    updateDirection(psnake);
    for( i = psnake -> len - 1; i > 0; i-- ){
        psnake -> pos[i].row = psnake -> pos[i - 1].row;
        psnake -> pos[i].col = psnake -> pos[i - 1].col;
    }

    if(psnake -> dir == 1){
        psnake -> pos[0].row = psnake -> pos[0].row - 1;
    }

    if(psnake -> dir == 2){
        psnake -> pos[0].row = psnake -> pos[0].row + 1;
    }

    if(psnake -> dir == 3){
        psnake -> pos[0].col = psnake -> pos[0].col - 1;
    }

    if(psnake -> dir == 4){
        psnake -> pos[0].col = psnake -> pos[0].col + 1;
    }

}

int main(){
    initGame(SIZE);
    struct node food;
    struct snake sk;
    initFood(&food);
```

```
    initSnake(&sk);

    while(1){
        clearScreen();
        showFood(&food);
        showSnake(&sk);

        updateFood(&sk,&food);
        updateSnake(&sk);
    }

    return 0;

}
```

使用结构体类型变量存储"贪吃蛇"数据，让游戏扩展变得更加容易。例如，将上述游戏扩展成双人游戏，新增一条"贪吃蛇"就非常容易。结构体将有关联的数据，构成一个整体进行处理，更符合人的思维模式。

8.6 链表

在"贪吃蛇"游戏中，当"贪吃蛇"吃到食物时身体变长，需要根据"蛇长"动态存储数据。为了解决这个问题，例 8.5 的程序中采用一个较大的数组去存储数据，但是这种方法存在着隐患，如果"蛇长"超过了数组的大小，将会导致程序错误。本节使用链表存储数据，可以解决这个问题。链表可以动态存储数据，实现按需分配。链表是一种非常重要的数据结构，现实中存在大量场景需要动态存储数据，例如各种信息管理系统，需要动态增加或者删除数据。

8.6.1 链表的基本概念

链表是一种动态存储结构，存储的规模可以根据实际的需求动态变化。在 C 语言中，数组的大小在使用之前必须确定，如果事先无法确定数组的规模，往往将数组定得足够大，显然这将会导致空间的浪费。而链表能够弥补这个缺点，根据需要动态开辟存储单元。

链表的每一个元素称为节点，每个节点通常分为两部分：数据域和指针域。数据域存储节点本身的数据信息，指针域存储下一个节点的位置信息。节点之间通过指针连在一起，所以被形象地称为链表。为了方便处理链表，还需要一个单独的指针变量存储第一个节点的地址，该指针称为头指针。通过头指针可以很方便找到链表中每一个数据元素，如图 8.5 所示。

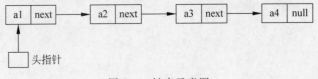

图 8.5　链表示意图

链表的每一个节点包含着下一个节点的位置信息,根据位置信息找到下一个元素。一个个节点就像链条一样环环相扣,直到最后一个节点,它的下一个节点位置为 NULL(空地址)。链表就像定向越野游戏一样,不仅要完成本关的任务,而且要找到下一关的位置信息,才能顺利通关。因为链表的节点包含着下一个节点的位置信息,所以链表必须通过指针变量才能实现,一个节点中应该包含指针变量,存储下一个节点的地址。

例如,构成"贪吃蛇"的每个节点,可以设计成如下形式:

```
struct node{
    int row;
    int col;
    struct node * next;
};
```

其中,变量 row、col 用来存放节点的行和列信息;指针变量 next 是一个指向 struct node 类型的指针类型成员,用来存放下一个节点的地址信息。通过这样的方式,一个个节点依次连接起来,构成了链表。因为节点只有指向下一个节点的指针,所以构成的链表是单链表。

8.6.2 内存管理函数

链表是动态地分配存储单元的,通常在需要时才开辟一个节点的存储单元。C 语言的标准库函数提供了动态申请函数和释放存储单元函数。

1. malloc()函数

函数的原型为:

```
void * malloc(unsigned int size);
```

其作用是在内存中动态存储区中分配一个长度为 size 的连续空间。参数 size 为无符号整数,通常通过运算符 sizeof()获得对应的值,sizeof()的作用是计算指定数据类型所需的存储空间,例如 sizeof(int)计算一个整型数据所占用的存储空间,sizeof(struct node)计算 struct node 类型数据所占用的存储空间。

函数的返回值是一个指向分配域起始地址的指针。如果分配不成功,例如内存空间不够,则返回空指针 NULL。

2. free()函数

函数的原型为:

```
void free(void * p);
```

其作用是释放指针变量 p 指向的内存空间,使这部分内存区域能被其他变量使用,被释放的内存区域是由 malloc()函数或者其他函数分配的区域。

【例 8.6】 编写程序,分配一块内存区域,存储只有一个节点的"贪吃蛇"。

完成任务的代码如下:

```
# include"screen.h"
# define SIZE 8
```

```
struct node{
    int row;
    int col;
    struct node * next;
};


int main(){
    initGame(SIZE);
    struct node * head;
    struct node * pnode;

    pnode = (struct node *) malloc(sizeof(struct node));    //开辟一个新的节点
    head = pnode;                                           //头指针指向第一个元素

    pnode -> row = 4;
    pnode -> col = 4;
    pnode -> next = NULL;


    turnOn(pnode -> row, pnode -> col);
    free(pnode);                                            //释放该节点，防止内存泄漏
    head = NULL;                                            //头指针指空
    return 0;

}
```

此时的链表中只有一个节点，并且将头指针指向该节点。使用 malloc() 函数分配了一块内存区域，并使指针变量 pnode 指向它，该区域大小为结构体 strcut node 的长度。接着对各成员进行赋值，因为只有一个节点，所以该节点的指针变量值为 NULL，指向空指针。当程序结束时，应将申请的内存释放掉，以免内存泄漏。

8.6.3 建立动态链表

动态链表的建立是指从无到有建立起一个链表，需要一个一个分配节点单元和输入各节点数据，并建立起前后节点之间的链接关系。

【例 8.7】 编写程序，建立有两个节点的链表，存放"贪吃蛇"的节点数据信息，并显示在屏幕上。

设立 3 个指针变量 head、p1 和 p2，它们都用来指向 struct node 类型数据，指针变量 head 是头指针，指向链表的第一个节点。使用 malloc() 函数开辟第一个节点，并使指针变量 p1 和 head 指向它，然后给第一个节点的数据成员赋值，也就是"贪吃蛇"第一个节点在屏幕上的行列位置信息。再开辟另外一个节点，也就是第二个节点，并使指针变量 p2 指向它，并且给第二个节点的数据进行赋值。接着将第二个节点的地址赋给第一个节点的成员变量 next，也就是第一个节点的成员 next 中存放着第二个节点的地址。这样就将新建立的节点与上一个节点关联起来，构成一个完整的链表。代码如下：

```
# include"screen. h"
# define SIZE 8
struct node{
    int row;
    int col;
    struct node * next;
};


int main(){
    initGame(SIZE);
    struct node * head, * p1, * p2;

    p1 = (struct node * ) malloc(sizeof(struct node));
    head = p1;
    p1 -> row = 0;
    p1 -> col = 0;
    p1 -> next = NULL;

    p2 = (struct node * ) malloc(sizeof(struct node));
    p2 -> row = 0;
    p2 -> col = 1;
    p2 -> next = NULL;

    p1 -> next = p2;


    turnOn(p2 -> row,p2 -> col);
    turnOn(p1 -> row,p1 -> col);


    free(p1);
    free(p2);
    head = NULL;
    return 0;

}
```

通过"p1-> next＝p2;"将节点 p1 和 p2 连接起来,p1 的下一个节点就是 p2。当节点较多时,需要通过循环的方法建立链表。

【例 8.8】 编写程序,建立有 4 个节点的链表,存放"贪吃蛇"的节点数据信息。

设立 3 个指针变量 head、pcurrent 和 pnew,它们都用来指向 struct node 类型数据,指针变量 head 是头指针,指向链表的第一个节点;指针变量 pnew 指向新开辟的节点;指针变量 pcurrent 指向当前的一个节点,它的下一个节点是新增的节点。使用 malloc()函数开辟第一个节点,并使指针变量 pcurrent、pnew 和 head 都指向它,然后给第一个节点的数据成员赋值,也就是"贪吃蛇"第一个节点在屏幕上的行列位置信息。再开辟另外一个节点,也就是第二个节点,并使指针变量 pnew 指向它,并且给第二个节点的数据进行赋值,然后将指针变量 pnew 的值赋给指针变量 pcurrent 的成员 next,也就是第一个节点的成员变量 next 中存放着第二个节点的地址。接着指针变量 pcurrent 指向了它的下一个节点，然后继续开辟新的节点，并使 pnew 指向它，并且将指针变量 pnew 的值赋给指针变量 pcurrent 的成员变量 next，这样就将新建立的节点与上一个节点关联起来，如此循环执行，就能建立一个完整的链表，如图 8.6 所示。上述的过程步骤如下。

（1）开辟空间建立新的节点。

（2）给新的节点赋值，保存数据信息。

（3）将新节点的地址赋值给当前节点的成员变量 next。

（4）当前节点后移一位，新增的节点成为当前节点。

（5）循环执行（1）～（4）步，直到链表所有的节点都完成。

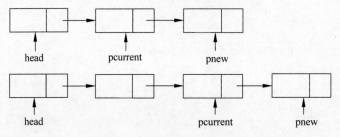

图 8.6　新建链表示意图

完成任务的代码如下：

```c
struct node{
    int row;
    int col;
    struct node * next;
};


struct node * creatList(){
    struct node * head = NULL, * pnew = NULL, * pcurrent = NULL;
    int i = 0;
    for(i = 0; i < 4; i++){
        pnew = (struct node *) malloc(sizeof(struct node));
        pnew -> row = 0;
        pnew -> col = i;
        pnew -> next = NULL;
        if( head == NULL){ //判断是不是第一个节点
            head = pnew;
            pcurrent = pnew;
        }
        else{
            pcurrent -> next = pnew;
            pcurrent = pcurrent -> next;
        }
    }
    return head;

}
```

8.6.4　显示动态链表

上述例子中建立了链表,但是没有将结果显示出来。将链表各节点数据依次显示在屏幕上,首先要知道链表的第一个节点的地址。然后由第一个节点开始,访问节点的数据,根据数据点亮对应位置的灯。然后根据存储在该节点的成员变量 next 中的信息,访问指针变量指针链表中下一个节点。重复执行上述过程,直到显示完最后一个节点,这样就可以遍历整个链表。

【例 8.9】　编写程序,建立有 4 个节点的链表,存放"贪吃蛇"的节点数据信息,编写函数根据链表的数据将其显示在屏幕上。

完成任务的代码如下:

```
#include"screen.h"
#define SIZE 8
struct node{
    int row;
    int col;
    struct node * next;
};

struct node * creatList(){
    struct node * head = NULL, * pnew = NULL, * pcurrent = NULL;
    int i = 0;
    for(i = 0; i < 4; i++){
        pnew = (struct node * ) malloc(sizeof(struct node));
        pnew -> row = 0;
        pnew -> col = i;
        pnew -> next = NULL;
        if( head == NULL){
            head = pnew;
            pcurrent = pnew;
        }
        else{
            pcurrent -> next = pnew;
            pcurrent = pcurrent -> next;
        }
    }
    return head;

}

void showList(struct node * head){
    struct node * pcurrent;
    pcurrent = head;
    while(pcurrent != NULL){
        turnOn(pcurrent -> row, pcurrent -> col);
        pcurrent = pcurrent -> next;
    }
```

```
    }

    int main(){
        initGame(SIZE);
        struct node * head = NULL;
        head = creatList();
        showList(head);


        return 0;


    }
```

8.6.5 链表的插入

在"贪吃蛇"游戏中，当"贪吃蛇"吃到"食物"时，身体将变长，链表中的节点将增加，也就是要向链表中插入新的节点。对于"贪吃蛇"游戏，新的节点插入原先第一个节点之前，也就是成了新链表的第一个元素。这种情况下，插入的新节点的下一个节点就是原来的第一个节点，并且头指针指向插入的新节点，即：

```
pnew -> next = pcurrent;
head = pnew;
```

【例 8.10】 "贪吃蛇"原有 4 个节点，现在吃到"食物"，"蛇身"变长，编写程序实现该功能。
完成任务的代码如下：

```
#include"screen.h"
#define SIZE 8
struct node{
    int row;
    int col;
    struct node * next;
};

struct node * insert(struct node * head, struct node * pnode){
    struct node * pcurrent = head;
    pnode -> next = pcurrent;
    return pnode;
}
struct node * creatList(){
    struct node * head = NULL, * pnew = NULL, * pcurrent = NULL;
    int i = 0;
        for(i = 0; i < 4; i++){
            pnew = (struct node * ) malloc(sizeof(struct node));
            pnew -> row = 0;
            pnew -> col = i;
            pnew -> next = NULL;
            if( head == NULL){
                head = pnew;
```

```
                pcurrent = pnew;
            }
            else{
                pcurrent->next = pnew;
                pcurrent = pnew;
            }
        }
    return head;

}

void showList(struct node * head){
    struct node * pcurrent;
    pcurrent = head;
    while(pcurrent != NULL){
        turnOn(pcurrent->row, pcurrent->col);
        pcurrent = pcurrent->next;
    }

}

int main(){
    initGame(SIZE);
    struct node * head = NULL;
    head = creatList();
    showList(head);

    struct node * pnew;
    pnew = (struct node*) malloc(sizeof(struct node));
    pnew->row = 1;
    pnew->col = 0;
    pnew->next = NULL;
    head = insert(head,pnew);
    clearScreen();
    showList(head);
    return 0;

}
```

运行代码,屏幕上显示"贪吃蛇"的长度由 4 变成了 5。

对于链表来说,新插入的节点并不一定都是插入第一个节点之前,也可能插入其他位置。例如,在一个学生管理系统中,新转学过来的学生要插入链表的最后一个节点之后,实现的步骤如下。

(1) 从头节点开始遍历,找到最后一个节点,最后一个节点的特征就是成员变量 next 值为 NULL。

(2) 将找到的最后的一个节点的成员变量 next 指向新增节点。

对应的代码如下:

```
struct node * insert(struct node * head, struct node * pnode){
    struct node * pcurrent;
    pcurrent = head;
    if( pcurrent == NULL){                      //如果链表是空链表
        head = pnode;
        pnode -> next = NULL;
        return head;
    }
    while(pcurrent -> next != NULL){            //判断是不是最后一个节点
        pcurrent = pcurrent -> next;
    }
    pcurrent -> next = pnode;
    pnode -> next = NULL;
    return head;
}
```

读者可以思考一下，如果插入的位置既不是第一个，也不是最后一个，而是中间，该如何实现。

8.6.6　链表的删除

与插入节点对应的是删除节点。例如"贪吃蛇"游戏中，"贪吃蛇"的运动如图8.7所示。

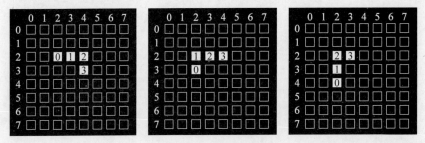

图8.7　"贪吃蛇"运动示意图

如果使用链表保存"贪吃蛇"的数据，对于"贪吃蛇"的运动，该如何实现？仔细观察图8.7，对比运动前后的图会发现，只有一个节点发生了改变，也就是最后一个节点"仿佛"直接挪到头节点将运动到的地方。用数组很难实现这样的过程，但是使用链表就很容易，相当于新增一个节点作为头节点，并删除掉最后一个节点，中间的节点都不需要变化。

删除掉最后一个节点的过程为，先找到最后一个节点的前一个节点，然后将它的成员变量next指针指向NULL，就实现了最后一个节点的删除，如图8.8所示。

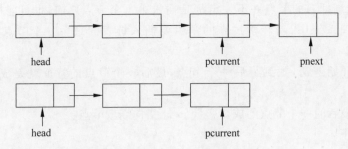

图8.8　删除最后一个节点示意图

对应的代码如下:

```
struct node * deleteTail(struct node * head){
    struct node * pcurrent = NULL, * pnext = NULL;
    pcurrent = head;
    if(pcurrent != NULL && pcurrent->next != NULL){
        pnext = pcurrent->next;
    }
    else{
        return head;
    }
    while(pnext->next != NULL){
        pcurrent = pcurrent->next;
        pnext = pcurrent->next;
    }
    pcurrent->next = NULL;
    free(pnext);
    return head;
}
```

有了链表插入和删除的函数,可以完成按键控制"贪吃蛇"运动的程序。

【例 8.11】 编写程序完成"贪吃蛇"向下运动一步的程序。

```
#include"screen.h"
#define SIZE 8
struct node{
    int row;
    int col;
    struct node * next;
};

struct node * insert(struct node * head, struct node * pnode){
    struct node * pcurrent = head;
    pnode->next = pcurrent;
    return pnode;
}

struct node * deleteTail(struct node * head){
    struct node * pcurrent, * pnext;
    pcurrent = head;
    if(pcurrent != NULL && pcurrent->next != NULL){
        pnext = pcurrent->next;
    }
    else{
        return head;
    }
    while(pnext->next != NULL){
        pcurrent = pcurrent->next;
        pnext = pcurrent->next;
    }
```

```
        pcurrent->next = NULL;
        free(pnext);
        return head;
}


struct node * creatList(){
    struct node * head = NULL, * pnew = NULL, * pcurrent = NULL;
        int i = 0;
            for(i = 0; i < 4; i++){
                pnew = (struct node * ) malloc(sizeof(struct node));
                pnew->row = 0;
                pnew->col = i;
                pnew->next = NULL;
                if( head == NULL){
                    head = pnew;
                    pcurrent = pnew;
                }
            else{
                pcurrent->next = pnew;
                pcurrent = pnew;
            }
        }
    return head;

}



void showList(struct node * head){
    struct node * pcurrent;
    pcurrent = head;
    while(pcurrent != NULL){
        turnOn(pcurrent->row, pcurrent->col);
        pcurrent = pcurrent->next;
    }

}

int main(){
    initGame(SIZE);
    struct node * head = NULL, * pnew = NULL;
    head = creatList();
    showList(head);
    int dir = 2;
    while(1){
        clearScreen();
        showList(head);

        if(dir == 2 && head->row + 1 < SIZE){
```

```
        pnew = (struct node *) malloc(sizeof(struct node));
        pnew->row = head->row + 1;
        pnew->col = head->col;
        pnew->next = NULL;
        head = insert(head,pnew);
        deleteTail(head);
    }

}

    return 0;

}
```

运行代码,"贪吃蛇"不断向下运动,直到运动到屏幕的底部为止。

8.6.7 链表的释放

很多编程环境中,程序结束时自动释放 malloc()函数分配的内存空间,但是,最好利用 free()函数清理已经分配的内存。对应的代码如下:

```
void freeList(struct node * head){
    struct node * pcurrent;
        pcurrent = head;

    while(pcurrent != NULL){
        pcurrent = head;
        head = pcurrent->next;
        free(pcurrent);
    }
    head = NULL;

}
```

8.7 枚举类型

视频讲解

程序中使用数值1、2、3、4表示运动方向,无论编写或者阅读代码时,这种方式都不太方便,每次都要去思考一下1、2、3、4具体对应着什么方向。为了使代码具有更好的可读性,当一个变量只有几个固定的可能取值时,可以将这个变量定义为枚举类型,枚举类型的目的是提高程序的可读性。

枚举类型的一般形式为:

enum 枚举名{枚举元素 1,枚举元素 2,…};

其中,enum 为枚举类型关键字,枚举元素 1,枚举元素 2,…是每个值对应的名字列表。例如:

```
enum direction{up,down,left,right};
```

其中，direction 是枚举类型名，花括号中的内容是枚举类型的具体内容，即该类型中的元素的可能取值。

枚举类型与结构体类型的语法相似，定义枚举类型变量的方式有两种：一种是在声明枚举类型的同时定义变量；另一种是通过已声明的枚举类型名定义变量。

例如：

```
enum direction{up,down,left,right} dir;
```

或者

```
enum direction{up,down,left,right};
enum direction dir;
```

枚举类型变量 dir 的值只能是 up、down、left、right 中之一。花括号中的枚举元素名字是程序设计者自己指定的，这些名字可以提高程序的可读性。枚举元素的值取决于定义时各枚举元素排列的先后顺序。默认情况下，第一个枚举元素的值为 0，第二个为 1，以此类推，按顺序加 1。

所以 up 的值为 0，down 的值为 1，left 的值为 2，right 的值为 3。

也可以在声明枚举类型时改变枚举元素的值，如：

```
enum direction{up = 1,down,left,right};
```

则 up 的值为 1，down 的值为 2，left 的值为 3，right 的值为 4。

使用枚举类型修改"贪吃蛇"的运动代码，可以使程序具有更好的可读性，代码如下：

```
enum direction{up = 1,down,left,right};
struct snake{
    struct node * head;
    int len;
    enum direction dir;
};


void updateSnake(struct snake * psnake){
    struct node * pnew = NULL;
    struct node * head = psnake -> head;

    if(psnake -> dir == up && head -> row > 0){
        pnew = (struct node *) malloc(sizeof(struct node));
        pnew -> row = head -> row - 1;
        pnew -> col = head -> col;
        pnew -> next = NULL;
        psnake -> head = insert(head,pnew);
        deleteTail(psnake -> head);
    }

    if(psnake -> dir == down && head -> row < 7){
        pnew = (struct node *) malloc(sizeof(struct node));
```

```
        pnew -> row = head -> row + 1;
        pnew -> col = head -> col;
        pnew -> next = NULL;
        psnake -> head = insert(head, pnew);
        deleteTail(psnake -> head);
    }

    if(psnake -> dir == left && head -> col > 0){
        pnew = (struct node * ) malloc(sizeof(struct node));
        pnew -> row = head -> row;
        pnew -> col = head -> col - 1;
        pnew -> next = NULL;
        psnake -> head = insert(head, pnew);
        deleteTail(psnake -> head);
    }

    if(psnake -> dir == right && head -> col < 7){
        pnew = (struct node * ) malloc(sizeof(struct node));
        pnew -> row = head -> row;
        pnew -> col = head -> col + 1;
        pnew -> next = NULL;
        psnake -> head = insert(head, pnew);
        deleteTail(psnake -> head);
    }

}
```

　　枚举类型的目的是提高程序的可读性和维护性,通过使用 up、down、left、right 值代替数值 1、2、3、4,程序更加直观易懂。著名的软件开发著作者和演说家 Martin Fowler 曾经说过:"傻子都能写出计算机可读懂的代码,优秀的程序员写出的是人能读懂的代码。"即使自己写的代码,过一段时间再重新读一遍,也需要花费时间回忆、理解,而真实的开发过程是许多人相互协作,因此写代码时,不仅仅要能完成任务,而且程序要有很好的可读性。

　　在 updateSnake()函数中有大量代码重复,读者可以尝试优化代码,减少代码重复。

8.8　用 typedef 定义类型

视频讲解

　　每次使用结构体类型定义变量时都需要带上关键字 struct,例如"struct snake sk;"这样非常麻烦。C 语言提供关键字 typedef,为某一类型自定义一个方便易识别的类型名。在生活中也常常如此,例如粉丝们常常用昵称"热巴"称呼他们的偶像迪丽热巴·迪力木拉提。

　　使用关键字 typedef 可以为类型起一个新的别名,其用法一般为:

typedef 类型原名字 类型新名字;

　　例如:

typedef unsigned int UINT;

可以使用 UINT 代替 unsigned int 作为数据类型定义变量,例如,"unsigned int a;"等效于 "UINT a;"。

对于复杂的类型,使用 typedef 进行简化非常有必要。

使用 typedef 定义一个结构体类型名如下:

```
typedef struct node{
    int row;
    int col;
} position;
```

其中,position 是 struct node 的别名,可以使用 position 来定义变量,例如:

```
position pos;
```

使用 typedef 命名结构体时,也可以省略该结构体的名字:

```
typedef struct{
    int row;
    int col;
} position;
```

同理,也可以使用 typedef 为枚举类型自定义名字,方法与结构体类似,例如:

```
typedef enum {up = 1,down,left,right} direction;
```

有了以上定义可以直接使用 direction 定义变量了,例如:

```
direction dir;
```

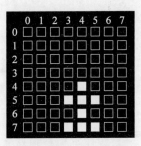

图 8.9 赛车示意图

【例 8.12】 编写程序,实现按键 W、S、A、D 控制赛车上、下、左、右运动,如图 8.9 所示。

完成任务的代码如下:

```
#include"screen.h"
#define SIZE 8
#define nodeNum 8
typedef enum {still,up,down,left,right} direction;

typedef struct {
    int row;
    int col;
} node;

typedef struct {
    node nodes[nodeNum];
    direction dir;
    int len;
} car;


void initCar(car * pcar){
```

```
        node nodes[nodeNum] = {{4,4},{5,3},{5,4},{5,5},{6,4},{7,3},{7,4},{7,5}};
        int i;
        for( i = 0; i < nodeNum; i++){
            pcar -> nodes[i] = nodes[i];
        }
        pcar -> len = nodeNum;
        pcar -> dir = still;
    }

    void showCar(car * pcar){
        int i;
        for( i = 0; i < pcar -> len; i++){
            turnOn(pcar -> nodes[i].row, pcar -> nodes[i].col);
        }
    }

    void updateDir(car * pcar){
        char key = getKey();
        if(key == 'w'){
            pcar -> dir = up;
        }

        if(key == 's'){
            pcar -> dir = down;
        }

        if(key == 'a'){
            pcar -> dir = left;
        }

        if(key == 'd'){
            pcar -> dir = right;
        }
    }

    void updateCar(car * pcar){
        updateDir(pcar);
        int i;

        for( i = 0; i < pcar -> len; i++){
            if( pcar -> dir == up){
                pcar -> nodes[i].row -= 1;
            }
            if( pcar -> dir == down){
                pcar -> nodes[i].row += 1;
            }
            if( pcar -> dir == left){
                pcar -> nodes[i].col -= 1;
            }
```

```
            if( pcar->dir == right){
                pcar->nodes[i].col += 1;
            }
        }


        pcar->dir = still;                    //恢复静止状态
}

int main(){
    car benzCar;
    initGame(SIZE);
    initCar(&benzCar);
    while(1){
        clearScreen();
        showCar(&benzCar);
        updateCar(&benzCar);
    }
    return 0;
}
```

运行代码，按键 W、S、A、D 可以控制赛车上、下、左、右运动。

视频讲解

8.9 综合案例：使用链表完成"贪吃蛇"游戏

整体思维又称为系统思维，它认为整体是由各个局部按照一定的秩序组织起来的，要求以整体和全面的视角把握对象。结构体类型就是一种整体思维，将相关变量组合起来，作为一个整体进行处理。

使用链表存储"贪吃蛇"的信息与使用数组存储"贪吃蛇"的信息相比，在处理游戏运动时，更加灵活简单。使用链表完成"贪吃蛇"游戏，代码如下：

```
#include"screen.h"
#define SIZE 8

struct food{
    int row;
    int col;
};


struct node{
    int row;
    int col;
    struct node * next;
};
```

```
struct snake{
    struct node * head;
    int len;
    int dir;
};


void initFood(struct food * pfood){
    pfood -> row = rand() % SIZE;
    pfood -> col = rand() % SIZE;
}


struct node * creatList(int len){
        struct node * head = NULL, * pnew = NULL, * pcurrent = NULL;
        int i ;
        for(i = 0; i < len; i++){
            pnew = (struct node * ) malloc(sizeof(struct node));
            pnew -> row = 0;
            pnew -> col = i;
            pnew -> next = NULL;
            if( head == NULL){
                head = pnew;
                pcurrent = pnew;
            }
            else{
                pcurrent -> next = pnew;
                pcurrent = pnew;
            }
        }
    return head;

}

void initSnake(struct snake * psnake){
    psnake -> len = 4;
    psnake -> dir = 2;
    psnake -> head = creatList(psnake -> len);
}

void showFood(struct food * pfood){
    turnOn(pfood -> row, pfood -> col);
}


void showList(struct node * head){
    struct node * pcurrent;
    pcurrent = head;
    while(pcurrent != NULL){
        turnOn(pcurrent -> row, pcurrent -> col);
```

```
            pcurrent = pcurrent->next;
        }

}


void showSnake(struct snake * psnake){
    showList(psnake->head);
}


struct node * insert(struct node * head, struct node * pnode){
    struct node * pcurrent = head;
    pnode->next = pcurrent;
    return pnode;
}

struct node * deleteTail(struct node * head){
    struct node * pcurrent, * pnext;
    pcurrent = head;
    if(pcurrent != NULL && pcurrent->next != NULL){
        pnext = pcurrent->next;
    }
    else{
        return head;
    }
    while(pnext->next != NULL){
        pcurrent = pcurrent->next;
        pnext = pcurrent->next;
    }
    pcurrent->next = NULL;
    free(pnext);
    return head;
}


int eatFood(struct snake * psnake, struct food * pfood){
    struct node * head = psnake->head;

    if(psnake->dir == 1){
        if(head->row - 1 == pfood->row && head->col == pfood->col){
            return 1;
        }
    }

    if(psnake->dir == 2){
        if(head->row + 1 == pfood->row && head->col == pfood->col){
            return 1;
```

```
        }
    }

    if(psnake -> dir == 3){
        if(head -> row == pfood -> row && head -> col - 1 == pfood -> col){
            return 1;
        }
    }

    if(psnake -> dir == 4){
        if(head -> row == pfood -> row && head -> col + 1 == pfood -> col){
            return 1;
        }
    }
    return 0;
}

void updateFood(struct snake * psnake, struct food * pfood){
    if(eatFood(psnake, pfood)){
        struct node * pnew = NULL;
        pnew = (struct node * ) malloc(sizeof(struct node));
        pnew -> row = pfood -> row;
        pnew -> col = pfood -> col;
        pnew -> next = NULL;
        psnake -> head = insert(psnake -> head, pnew);
        initFood(pfood);
    }
}


void updateDirection(struct snake * psnake, char key){
    if(key == 'w'){
        psnake -> dir = 1;
    }
    if(key == 's'){
        psnake -> dir = 2;
    }
    if(key == 'a'){
        psnake -> dir = 3;
    }
    if(key == 'd'){
        psnake -> dir = 4;
    }



}

void updateSnake(struct snake * psnake){
```

```
        struct node * pnew = NULL;
        struct node * head = psnake -> head;

        if(psnake -> dir == 1 && head -> row > 0){
            pnew = (struct node * ) malloc(sizeof(struct node));
            pnew -> row = head -> row - 1;
            pnew -> col = head -> col;
            pnew -> next = NULL;
            psnake -> head = insert(head, pnew);
            deleteTail(psnake -> head);
        }

        if(psnake -> dir == 2 && head -> row < SIZE - 1){
            pnew = (struct node * ) malloc(sizeof(struct node));
            pnew -> row = head -> row + 1;
            pnew -> col = head -> col;
            pnew -> next = NULL;
            psnake -> head = insert(head, pnew);
            deleteTail(psnake -> head);
        }

        if(psnake -> dir == 3 && head -> col > 0){
            pnew = (struct node * ) malloc(sizeof(struct node));
            pnew -> row = head -> row;
            pnew -> col = head -> col - 1;
            pnew -> next = NULL;
            psnake -> head = insert(head, pnew);
            deleteTail(psnake -> head);
        }

        if(psnake -> dir == 4 && head -> col < SIZE - 1){
            pnew = (struct node * ) malloc(sizeof(struct node));
            pnew -> row = head -> row;
            pnew -> col = head -> col + 1;
            pnew -> next = NULL;
            psnake -> head = insert(head, pnew);
            deleteTail(psnake -> head);
        }

}

int main(){
    initGame(SIZE);
    struct snake sk;
    struct food fd;
    initFood(&fd);
    initSnake(&sk);
    char key;
    while(1){
        clearScreen();
```

```
        showFood(&fd);
        showSnake(&sk);

        key = getKey();
        updateDirection(&sk,key);
        updateFood(&sk,&fd);
        updateSnake(&sk);


    }

    return 0;

}
```

在实际项目中,经常会遇到将不同类型的数据组合在一起作为整体来处理的情况,而结构体就是将不同的数据类型整合成一个有机整体。程序中使用结构体可以方便地进行数据管理,使代码具有更好的可读性。

习题

8.1　在下面结构体中:

```
struct date{
    int year;
    int month;
    int day;
};
struct date birthday, * p;
* p = &birthday;
```

访问成员正确的是_____。

　　A. birthday-> year　　　　　　　　B. p. day

　　C. (* p)-> month　　　　　　　　D. p-> year

8.2　有如下定义:

```
struct node{
    int row;
    int col;
};

struct ball{
    struct node pos;
    int dir;
} ballx;
```

对结构体变量 ballx 的位置赋值,下列赋值语句正确的是_____。

A. ballx.row＝3；   B. ballx.pos.row＝3；

C. pos.row＝3；   D. row＝3；

8.3 编写程序，使用结构体，实现"飞机大战"的飞机显示，如图 8.10 所示。

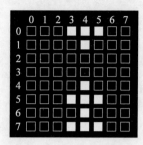

图 8.10 "飞机大战"示意图

8.4 使用结构体、枚举类型等，重构"打砖块"游戏。

第9章

字 符 串

字符串是一个或者多个字符的序列,是 C 语言中最重要的数据类型之一,应用非常广泛,例如常见的登录系统,用户名和密码是由字符串组成的。C 语言标准库提供了大量函数用于处理字符串。通过本章的学习,读者将进一步提高编程水平。

9.1 字符串概述

在 C 语言中,字符串是用一对双引号引起来的一串字符,如"Hello,world"就是一个 C 语言字符串,其双引号是该字符串的起止标识符,它不是字符串本身的字符。

C 语言中没有专门用于存储字符串的数据类型,字符串被存储在字符数组中,每一个单元存储一个字符。在 C 语言中,字符串实际上就是 char 类型的数组。例如:

```c
char c[6] = {'h', 'e', 'l', 'l', 'o', '\0'};
```

C 语言约定'\0'作为字符串结束标志,是一个不可显示的字符,表示一个"空字符",即什么也不做,只是一个可供识别的标志。字符串在内存中存储,系统会自动在字符串的最后加上结束字符'\0',例如字符串"hello"只有 5 个字符,但是用于存储这个字符串的数组的长度至少为 6。字符串的存储过程就是,将字符串中的字符逐个放入数组之中,然后在末尾加上结束字符'\0'。结束字符'\0'非常重要,没有这个字符,就只是字符数组,而不是字符串。

在定义字符数组时可以用字符串初始化数组,并存入数组中。例如:

```c
char c[6] = "hello";
```

由于系统自动在字符串"hello"的末尾增加结束字符'\0',因此它与下面的初始化等价:

```c
char c[6] = {'h', 'e', 'l', 'l', 'o', '\0'};
```

所以数组的各元素依次为字符 'h','e','l','l','o','\0'。

使用字符串时需要注意的是它与字符的区别,字符串常量"A" 和字符常量 'A' 是不同的,前者表示一个字符串,后者表示一个字符。字符串常量"A"实际由'A'和'\0'两个字符组成。

在 C 语言中,字符串与字符数组的关系是:字符串一定是以字符数组存放的,但是字符数组却不一定是字符串,如果字符数组没有以'\0'结尾,则其只是普通字符数组。

视频讲解

9.2　字符数组的输入输出

字符数组有两种输入输出方式:一种逐个字符输入输出;另一种是将字符串整体输入输出。

1. 逐个输入或输出字符数组中的元素

使用 scanf()函数和 printf()函数进行逐个输入和输出字符数组中的字符。例如:

```
#include<stdio.h>
int main(){
    char c[6] = "hello";
    int i = 0;
    for(i = 0; i < 6; i++){
        printf("%c",c[i]);
    }
    return 0;
}
```

2. 整体输入输出字符数组

当使用字符数组存储字符串时,可以用格式控制字符"%s",对其以字符串形式输入输出。例如:

```
#include<stdio.h>
int main(){
    char c[6] = "hello";
    printf("%s",c);

    return 0;
}
```

如果一个字符数组中包含一个以上的结束字符'\0',则遇到第一个结束字符'\0'时结束。例如:

```
#include<stdio.h>
int main(){
    char c[16] = "hello\0world";
    printf("%s",c);
    return 0;
}
```

运行代码,显示的结果为"hello",而不会输出结束字符'\0'后面的内容。

除了 scanf()函数和 printf()函数能够对字符串进行输入输出,还可以使用 gets()函数和 puts()函数对字符串进行输入输出。gets()函数和 puts()函数的头文件是 stdio.h,使用这两个函数需要包含该头文件。

gets()函数的调用格式为:

```
gets(字符数组);
```

其作用是从键盘读入一串字符,将字符串存入字符数组中。

puts()函数的调用格式为:

```
puts(字符数组);
```

其作用将字符串中的内容显示在屏幕上。

【例 9.1】 编写程序,实现手机登录系统中输入密码功能,输入密码之后将密码显示出来。

完成任务的代码如下:

```
# include< stdio. h>
int main(){
    char password[20];
    puts("请输入密码: ");
    gets(password);

    puts(password);
    return 0;
}
```

运行代码,通过键盘输入密码,然后密码显示在屏幕上。

通常,登录系统时还需要判断密码是否正确,就需要使用到与字符串相关的函数,例如判断字符串是否相等、字符串的长度是否合适。

9.3 字符串处理函数

视频讲解

由于字符串十分常用,因此在 C 语言标准库中提供了大量的专门用于处理字符串的函数,使用非常方便。这些函数的原型都包含在< string. h>头文件中,使用字符串处理函数时需要包含该头文件。

9.3.1 字符串的长度函数 strlen()

获得字符串的长度函数为 strlen(),其调用形式为:

```
strlen(字符串)
```

其作用是获得字符串的实际长度,不包含结束字符'\0'。例如:

```
char str[6] = "hello";
int len = strlen(str);
```

运行代码，变量 len 的值是 5，而不是 6。

【例 9.2】 编写程序，实现密码长度的检测。登录系统时，密码的长度一般要求为 6 个字符，如果输入密码长度不符合要求，则给出相应的提示。

完成任务的代码如下：

```
# include < stdio. h >
# include < string. h >
int main(){
    char password[20];
    int len;
    printf("请输入密码:\n");
    gets(password);
    len = strlen(password);
    if(len != 6){
        printf("密码长度不是 6 个字符!\n");
    }
    return 0;
}
```

运行代码，当输入的字符串长度不为 6 时，会给出相应的提示。

9.3.2 字符串比较函数 strcmp()

有时需要比较两个字符串之间的关系，如登录系统时需要判断输入的密码与设定的密码是否相等。例如：

```
# include < stdio. h >
int main(){
    char password[20];
    char pwd[20] = "000000";
    int len;
    printf("请输入密码:\n");
    gets(password);
    if(password == pwd){
        printf("密码正确,登录成功!\n");
    }
    else{
        printf("密码不正确,登录不成功!\n");
    }
    return 0;
}
```

运行代码，输入字符串"000000"时，并没有如预期一样输出的是"密码正确，登录成功，而是提示登录不成功!"原因是数组名 password 和 pwd 的值都是地址，if 语句中的条件表达式 password==pwd 判断的不是两个字符串是否相等，而是这两个字符数组的地址是否相等。这两个数组是不同的数组，两者的地址不相等，所以无论输入什么都会提示登录不成功。

如果要比较两个字符串内容的关系，需要使用 C 语言提供的字符串比较函数 strcmp()。

strcmp()函数的调用形式为：

```
strcmp(字符串1,字符串2);
```

其作用是比较字符串1与字符串2之间的关系。

函数的返回值如下。

（1）如果字符串1与字符串2相等,则函数返回值为0。

（2）如果字符串1大于字符串2,则函数返回值为大于0的整数。

（3）如果字符串1小于字符串2,则函数返回值为小于0的整数。

比较的规则：对两个字符串自左向右逐个字符进行比较——按 ASCII 码值大小比较,直到出现不同字符或者遇到'\0'为止。如果字符串1和字符串2的全部字符都相同,则认为相等；若出现不同的字符,则以第一个不同的字符比较结果为准。

所以,判断密码是否正确,代码如下：

```
#include<stdio.h>
#include<string.h>

int main(){
    char password[20];
    char pwd[20] = "000000";
    printf("请输入密码:\n");
    gets(password);
    if(strcmp(password , pwd) == 0){
        printf("密码正确,登录成功!\n");
    }
    else{
        printf("密码不正确,登录不成功!\n");
    }
    return 0;
}
```

9.3.3 字符串连接函数 strcat()

程序中,有时需要将不同的字符串连接在一起构成新的字符串,例如向服务器发送消息,会将用户名、密码等信息连接在一起发送给服务器。C 语言中字符串连接函数为 strcat(),其调用形式为：

```
strcat(字符串1, 字符串2);
```

其作用是将字符串2接到字符串1的后面,结果放在字符串1中,函数的返回值是字符串1的地址。例如：

```
char str1[20] = "Li lei";
char str2[20] = "欢迎来到清华大学";
strcat(str1,str2);
puts(str1);
```

输出的结果为："Li lei 欢迎来到清华大学"。

因为将字符串2连接到字符串1后面,并且存放在字符串1中,所以字符串1所在的字符数组需要留有足够的空间，以便能容纳连接后的新字符串。如果空间不够大，则超出的部分会溢出到相邻存储空间，引发问题。

【例 9.3】 组织会议，会给不同的参会人员发送邀请邮件，邮件的主题内容都相同，但是参会人员的姓名不同，编写程序生成一封电子邮件信息。

将邮件主题使用一个字符串保存，将用户名使用另外的字符串保存，将两个字符串连接在一起，就能生成所需要的完整的邮件，代码如下：

```
# include < stdio. h>
# include < string. h>

int main(){
    char userName[100];

    char content[100] = ",欢迎参加人工智能研讨会,会议地点在学校\
                          图书馆报告厅,时间是明天上午 9:00.";
    printf("请输入用户名:\n");
    gets(userName);
    strcat(userName,content);
    puts(userName);
    return 0;
}
```

运行代码，输入不同的用户名，就能根据不同的参会者的姓名，生成对应的邮件内容。网络中的垃圾邮件或者短信，也可以通过这样的方法产生。

9.3.4 字符串复制函数 strcpy()

程序中，有时需重新修改字符串中的内容，例如修改登录系统中的密码。如果需要复制整个字符串，则需要使用 strcpy()函数，其调用形式为：

strcpy(字符串 1, 字符串 2);

其作用是将字符串 2 复制到字符串 1 中。与 strcat()函数相似，使用 strcpy()函数时字符串 1 所在的字符数组空间需要足够大，以便容纳被复制的字符串。

【例 9.4】 编写程序，实现修改登录密码的功能。

完成任务的代码如下：

```
# include< stdio. h>
# include< string. h>

int main(){
    char password[20] = "000000";
    char newpwd[20];
    printf("请输入新密码:\n");
    gets(newpwd);
    strcpy(password,newpwd);
    printf("密码修改成功:\n");
```

```
    printf("新密码为: % s",password);

    return 0;
}
```

9.4　指针和字符串

9.4.1　指针与字符串的关系

视频讲解

C语言程序中,字符串的大部分操作都是通过指针完成的,字符指针变量可以指向一个字符串,例如:

```
char * p = " Hello";
```

字符指针变量p指向的是一个字符串常量的首地址,即将字符串的第1个元素的地址赋给了字符指针变量p。

字符数组和字符指针变量都能处理字符串,但是两者之间有着重要区别。例如:

```
char str[6] = "Hello";
char * p = " Hello";
```

表示的是字符数组str每个数组元素存放字符串的一个字符,这样可以改变数组中保存的内容。而字符指针变量p存储字符串常量首字符的地址,这样可以改变字符指针变量p的值,使它指向不同的字符串常量,但是不能改变字符指针变量p所指的字符串常量里的值,例如使字符指针变量p指向新的字符串常量:

```
p = "Hi";
```

是合法的。

将字符数组str中下标为1的元素改成'm',例如:

```
str[1] = 'm';
```

则字符数组str所存储的字符串为"hmllo",也是合法的。

但是尝试将字符指针变量p所指的字符串常量"hello"修改为"hmllo",例如:

```
* (p + 1) = 'm';
```

却是不合法的,因为字符指针变量p所指的字符串是常量字符串,无法修改其内容。

同理:

```
strcpy(p, "Hi");
```

也是不合法的,因为尝试修改字符指针变量p所指向的是字符串常量。使用字符指针时,需要注意当字符指针指向的是字符串常量时,不能对字符串常量的内容进行修改。所以使用字符串处理strcpy()、strcat()等时,需要注意第一参数如果是字符指针变量时,不能让其指向字符串常量。

如果字符指针变量指向的地址是字符数组的地址，则两者没有区别，例如：

```
char str[6] = "Hello";
char * p = str;
```

则使用

```
strcpy(p, "hi");
```

是合法的，字符数组 str 的值被修改为字符串"hi"。

【例 9.5】 编写程序实现对手机号码进行保护，打印用户手机号码时，将中间 4 位号码用
"****"代替。

完成任务的代码如下：

```
#include <stdio.h>
#include <string.h>
int main(){
    char number[12];
    char encryptNumber[12];
    printf("请输入手机号码:\n");
    gets(number);
    strcpy(encryptNumber, number);
    char * p = encryptNumber;
    int i = 0;
    for( i = 4; i < 8; i++){
        *(p + i) = '*';
    }

    printf("联系方式为:%s", encryptNumber);

    return 0;
}
```

9.4.2　字符串指针作为函数参数

将字符串从一个函数传递到另一个函数，可以使用字符数组名作为参数，也可以使用字符指
针作为参数，将字符串的首地址传递到另一个函数中。

【例 9.6】 编写 stringcopy() 函数实现库函数 strcpy() 的功能。

完成任务的代码如下：

```
#include <stdio.h>

char * stringcopy(char * strDest, char * strSrc){
    char * p = NULL;
    if(strDest == NULL || strSrc == NULL){
        return NULL;
    }
    p = strDest;
    while( * strSrc != '\0'){
```

视频讲解

```
        * strDest =  * strSrc;
        strDest++;
        strSrc++;
    }
    * strDest = '\0';
    return p;
}
int main(){
    char password[12];
    char newPassword[12];
    printf("请输入新密码:\n");
    gets(newPassword);
    stringcopy (password, newPassword);

    printf(" % s", password);

    return 0;
}
```

stringcopy()函数中的形参 strDest 和 strSrc 是字符指针变量。在调用 stringcopy()函数时，将数组 password 的首地址传给形参 strDest，把数组 newPassword 的首地址传递给形参 strSrc。函数中的 while 循环，将数组 newPassword 的字符逐一赋给数组 password，直到最后将空字符赋给数组 password，这样实现了字符串的复制。

对于 stringcopy()函数，还可以利用运算符进行简化，代码如下：

```
# include < stdio. h>

char * stringcopy(char * strDest, char * strSrc){
    char * p= NULL;
    if(strDest == NULL || strSrc == NULL){
        return NULL;
    }
    p = strDest;
    while(( * strDest ++ =  * strSrc++) != '\0');

    return p;
}
```

利用各种运算符，C语言可以写出非常精简的代码，但是作为初学者，还是采用稳健的方法为好，以保证代码的正确与易读性。

9.5　综合案例：用户管理系统

近期推出的青少年防沉迷系统，采用统一运行模式和功能标准。在"青少年模式"下，未成年人的上网时段、时长、功能和浏览内容等方面都有明确的规范。防沉迷系统为青少年打开可控的网络空间。

防沉迷系统的基础是需要一个用户管理系统管理用户的各种信息。编写程序，实现一个用户管理系统的登录、注册功能。注册功能用于注册新用户；登录功能保证用户只有输入正确的用户名和密码，才能登录成功，然后才能进入游戏界面开始玩游戏。

完成任务的代码如下：

```c
# include"screen.h"
# include<stdio.h>
# include<stdlib.h>
# include<string.h>

typedef struct tagUser{
    char userName[20];
    char password[20];
    struct tagUser * next;
} user;


user * pData;                          //用户信息链表



/* 判断新注册的用户名是否已被使用 */
int isSameName(char * name){
    user * pUser = pData;
    while(pUser != NULL){
        if(strcmp(pUser->userName,name) == 0){
            return 1;
        }
        pUser = pUser->next;
    }

    return 0;

}

/* 新建用户节点 */
user * creatUser(){

    user * puser = (user *)malloc(sizeof(user));
    if(puser == NULL){
        printf("内存申请失败!\n");
        return NULL;
    }
    printf("请输入用户名:\n");
    scanf("%s",puser->userName);
    while(isSameName(puser->userName)){
        printf("用户名已存在,请重新输入用户名:\n");
        scanf("%s",puser->userName);
```

```
    }
    printf("请输入密码:\n");
    scanf("%s",puser->password);
    puser->next = NULL;

    return puser;

}

/*将新用户节点新增到链表中*/
int addUser(user * pUser){
    user * p = pData;
    if(pUser == NULL){
        printf("注册失败!\n");
        return 0;
    }

    if(p == NULL){
        pData = pUser;
        printf("注册成功!\n");
        return 1;
    }

    while(p->next != NULL){
        p = p->next;
    }
    p->next = pUser;

    return 1;
}

/*注册功能*/
void registerUser(){
    user * puser = creatUser();
    addUser(puser);
}

/*登录功能*/
int login(){
    char uname[20],pword[20];
    printf("请输入用户名:\n");
    scanf("%s",uname);
    printf("请输入密码:\n");
    scanf("%s",pword);
    user * p = pData;
    while(p != NULL){
        if(strcmp(p->userName,uname) == 0 &&
            strcmp(p->password,pword) == 0){
            return 1;
```

```
        }

        p = p->next;
    }
    printf("登录失败,请重新登录!\n");
    return 0;

}

/*登录系统界面*/
void ShowMenu(){
    printf("-------------------------- 登录系统 -------------------------- \n");
    printf("1.注册 2.登录");
    printf("\n---------------------------------------------------------- \n");
}



int main(){
    int mode;
    int islogin = 0;
    while(islogin == 0){
        ShowMenu();
        printf("请选择需要的操作:\n");
        scanf("%d",&mode);
        if(mode == 1){
            registerUser();
        }

        if(mode == 2){
            if(login() == 1){
                islogin = 1;
            }
        }

        if(mode != 1 && mode != 2){
            printf("选择操作错误,请重新选择:\n");
        }
    }
    initGame(8);
    return 0;
}
```

　　有了用户管理系统之后,可以记录用户登录的时间等,当登录的时间超过了一定的限制后,就停止程序的运行,这样就能实现控制青少年玩游戏的时间。当前的程序,每次重新运行游戏,都要重新注册,用户体验非常差。而实际使用的登录系统,注册成功之后,下次使用时,只需要登录就行,而无须再次注册。所以将数据信息长期保存起来非常重要,在第10章会将数据保存到文件中,从而解决这个问题,实现信息长期保存。

习题

9.1 已有定义：

```
char str[] = "123456"
```

数组 str 的长度为_____。

    A. 1   B. 6   C. 7   D. 8

9.2 已知：

```
char str[6], * p = str;
```

正确的赋值语句是_____。

    A. str="hello"   B. p="hello"   C. * p="hello"   D. * str="hello"

9.3 编写程序，判断一个字符串是不是回文字符串。回文字符串是从左到右和从右到左读完全相同的字符串，如"level"就是回文字符串。

9.4 编写程序，统计单词的个数。

9.5 编写程序，实现一个成绩管理系统。

（1）输入功能：可以输入学生姓名、学号及成绩。

（2）查看功能：输出学生姓名、学号及各科成绩。

（3）查询功能：通过学号查询学生姓名及各科成绩。

（4）修改功能：通过输入学号修改学生成绩。

（5）增加功能：添加学生信息。

（6）删除功能：通过学号删除指定学生信息。

第10章

文　件

　　文件是计算机系统的重要组成部分,它一般指的是存储在外部介质(磁盘或固态硬盘等)上的数据集合。通过文件可以批量地操作数据,也可以将数据长期存储。当有大量数据输入时,通过文件保存数据,从指定文件读入,则非常方便。例如,账号系统要录入成千上万的用户信息,如果通过键盘一一输入,将会非常费时费力,而且容易出错,使用文件输入就便捷多了。

　　对于文件,读者并不陌生,在使用计算机时,每时每刻都在用文件。例如,保存文字信息的Word 文件、txt 文件;保存图像信息的 jpg 文件;保存视频的 mp4 文件等。读者在自己的计算机上可以找到各种各样的文件,用于存储图像、视频、文档等各类信息。

10.1　文件概述

10.1.1　文件的基本概念

　　文件是存储在外部介质上的数据集合,是一个有序的数据序列。C 语言中,文件被看作连续的字节,每字节可以单独读取。根据数据组织形式分类,C 语言的文件可分为 ASCII 文件和二进制文件。

　　ASCII 文件又称文本文件(或字符文件),可以通过文本编辑器直接处理,它的每字节代表着一个字符,存放着字符对应的 ASCII 码。在 ASCII 文件中,先将内存中的数据转换为相应的ASCII 字符,然后存入文件中。

　　二进制文件与文本文件不同,文件以二进制形式存储数据,它不需要转换,直接将内存中的数据按其在内存中的存储形式存储到文件中。

　　例如,整数 1024,如果存放到文本文件中,文件内容占 4 字节,分别是 1、0、2、4 对应的 ASCII 码值33、32、34、36。如果存放到二进制文件中,文件内容为 1024 对应的二进制数 00000010000000000,只需要占用 2 字节。

C 语言提供两种访问文件的途径：文本和二进制模式。文本文件的优点是可以通过文本编辑器直接阅读，但是占用空间较多，同时读写操作都要进行转换，效率较低。二进制文件的优点是占用空间小，读写效率高，但是二进制文件不能直接阅读、打印。

10.1.2 缓冲文件系统

由于内存数据存取访问速度要快于系统对磁盘文件数据的存取访问速度，当文件数据量较大时，为了解决高速 CPU 与低速外存之间的矛盾，在内存数据与外存文件之间建立缓冲区，这种缓冲极大地提高了数据传输效率。

在 C 语言程序中，根据操作系统对文件的处理方式的不同，文件系统分为缓冲文件系统和非缓冲文件系统。所谓缓冲文件系统，是指系统自动地在内存区为每一个正在使用的文件建立一个缓冲区，当程序向磁盘文件写入数据时，先将数据送到缓冲区，再由操作系统将数据写入磁盘。当程序从磁盘文件读取数据时，先由操作系统把数据读入缓冲区，然后再从缓冲区存入程序可以操作的内存中。

对于非缓冲文件系统，系统不自动开辟缓冲区，而是需要程序设计者在程序中为文件建立缓冲区。

本章所讲的文件处理方式都采用缓冲文件系统。

10.1.3 文件指针

要访问磁盘上的文件，必须知道文件相关的信息，例如文件名、文件状态及文件当前读写位置等。这些信息保存在一个结构体类型中，结构体名为 FILE，该结构类型由系统定义，包含在 stdio. h 文件中。

FILE 结构体类型的内容为：

```
typedef  struct _iobuf {
        char * _ptr;                    //文件输入的下一个位置
        int _cnt;                       //当前缓冲区的相对位置
        char * _base;                   //指基础位置(即文件的起始位置)
        int _flag;                      //文件标志
        int _file;                      //文件描述符 id
        int _charbuf;                   //检查缓冲区状况,如果无缓冲区则不读取
        int _bufsiz;                    //文件缓冲区大小
        char * _tmpfname;               //临时文件名
    } FILE;
```

在使用文件操作时，程序设计者一般不用关心结构体类型 FILE 内部成员的具体内容，这些内容由系统管理。在 C 语言程序中，对文件的操作都是以文件指针的方式实现的，通过文件指针与文件建立联系。定义文件类型指针的一般形式为：

```
FILE * fp;
```

指针变量 fp 指向某一个文件的结构体变量，从而通过结构体变量中的文件信息访问该文件。

10.1.4　文件处理步骤

C语言程序操作文件的过程，与实际生活中人们使用计算机操作文件过程非常相似。例如想使用 Word 文件记录重要的内容，操作步骤一定是先打开文件，然后对文件的内容进行编辑，编辑完之后保存文件，最后关闭文件。C语言编写文件相关的程序步骤也是如此。

（1）打开文件：建立用户程序与文件的联系，为文件建立缓冲区，使文件指针指向缓冲区；

（2）操作文件：对文件读写操作；

（3）关闭文件：切断文件与程序的联系，将文件缓冲区的内容写入磁盘，并释放文件缓冲区。

视频讲解

10.2　文件的打开和关闭

10.2.1　文件的打开

美国国家标准学会（ANSI）推出的 ANSI C 标准中用 fopen() 函数来实现打开文件。fopen() 函数的原型为：

```
FILE * fopen(char * filename, char * mode);
```

其中，参数 filename 是需要打开的文件名称；mode 为打开方式，返回值是文件指针。该函数的调用方式通常为：

```
FILE * fp = fopen(文件名,使用方式);
```

例如：

```
FILE * fp = fopen("demo.txt", "r");
```

表示以只读方式打开 demo.txt 文件，打开方式"r"表示只能读文件，而不能向文件中写内容。文件成功打开后，fopen() 函数将返回文件指针，使文件指针变量 fp 指向该文件。

文件使用方式如表 10.1 所示。

表 10.1　文件使用方式

文件使用方式	含　义	文件使用方式	含　义
r	以读模式打开文本文件	rb	以读模式打开二进制文件
w	以写模式打开文本文件	wb	以写模式打开二进制文件
a	向文本文件末尾追加数据	ab	向二进制文件末尾追加数据
r+	以读写模式打开文本文件	rb+	以读写模式打开二进制文件
w+	以读写模式建立新的文本文件	wb+	以读写模式建立新的二进制文件
a+	以读写模式打开文本文件	ab+	以读写模式打开二进制文件

r、w、a、b 分别是 read（读）、write（写）、append（追加）、binary（二进制）单词的缩写，而＋意味着读和写。如果使用方式中带 b 意味着以二进制方式打开文件。

需要注意的是：

（1）以任何一种"w"方式打开现有文件，都会清空文件原有内容，以便程序在一个空白文件开始操作。

（2）以任何一种"r"方式打开文件，要保证该文件已经存在，如果用"r"方式打开一个不存在的文件，fopen()函数会返回一个出错信息。

（3）如果希望向文件末尾添加新的内容，而不覆盖原有的数据，则应该使用"a"方式打开文件。

（4）用"r+"、"w+"、"a+"方式打开文件，既可以读取数据，也可以写入数据。它们之间的区别在于，以"w+"方式打开文件，如果文件存在，就会清空文件内容；如果文件不存在，则会新建一个文件。

（5）如果文件打开失败，例如磁盘出现故障，或者磁盘已满无法新建文件，fopen()函数会返回一个空指针 NULL，因此打开文件时都会检测是否成功打开文件。如果打开文件失败，会提示相应的错误信息。例如：

```
FILE * fp = fopen("d:\\demo.txt", "r");
if (fp == NULL){
    printf("Fail to open the file\n");
    exit(0);
}
```

在打开文件时，一定要判断文件是否成功打开，因为如果不成功，后续的操作就无法进行。

10.2.2 文件的关闭

使用完一个文件后应该关闭它，用 fclose()函数来实现关闭文件。fclose()函数的原型为：

int fclose(FILE * fp);

该函数的调用方式通常为：

fclose(文件指针);

关闭文件时，通常也要检查文件是否成功关闭，例如磁盘已满或者移动硬盘被拔出等都可能导致文件关闭失败。如果文件关闭成功，则 fclose()函数返回值为 0，否则返回一个特殊值 EOF（end of file，值为−1）。

使用完文件之后，一定要记得关闭文件，如果不关闭文件可能导致数据丢失。用 fclose()函数关闭文件，它先将缓冲区中的数据输出到磁盘文件中，然后释放文件指针变量，这样可以避免缓冲区中的数据未写入磁盘文件中，而导致数据丢失。

10.3 文件的读写

视频讲解

成功打开文件之后，就可以对文件进行读写操作了。C语言读写文件比较灵活，每次既可以读写字符、字符串，也可以读写数据块（如数组数据和结构体数据）。常用的读写函数如下所述。

10.3.1　字符读写函数 fgetc()和 fputc()

从文件中读出一个字符或者向文件中写入一个字符，常用的函数分别为 fgetc()函数和 fputc()函数。

1. fgetc()函数

fgetc()函数的原型为：

```
int fgetc(File  * fp);
```

该函数的作用是从一个打开的文件中读取一个字符，若读取成功，则返回值就是读取的字符。如果读取失败或者读到文件结尾，则返回一个特殊值 EOF。

【例 10.1】　将 demo.txt 文件中第一个字符读出来并显示。

完成任务的代码如下：

```
#include < stdio.h>
#include < stdlib.h>
int main(){
    FILE * fp = fopen("demo.txt", "r");
    char ch;
    if (fp != NULL){
        if( (ch = fgetc(fp)) != EOF)
            printf("% c", ch);

    }
    else{
        printf("Fail to open the file\n");
        exit(0);
    }
    fclose(fp);
    return 0;
}
```

运行代码，检测程序是否将文件中的第一个字符读取出来，并且显示出来。如果打开文件失败，例如文件不存在的情况下，则输出 Fail to open the file。

关于文件的读写，非常重要的部分是文件的路径。只有输入正确的路径，才能打开文件。例如，demo.txt 文件与项目在同一个文件下，可以如上述代码一样，使用相对路径。如果不在同一个文件夹下，还可以使用绝对路径，假如 demo.txt 文件在 D 盘，在 Windows 的文件路径显示为 D:\demo.txt，只有一个反斜杠，但是 C/C++中的反斜杠与其他符号搭配用作转义字符，所以反斜杠本身需要用 \\ 来表示。在 C 语言中文件的路径为 D:\\demo.txt。

当然，也可以使用斜杠，如：

```
D:/ demo.txt
```

如果想把整个文件的内容都读出来，并显示出来，只需要稍做修改即可，代码如下：

```
#include<stdio.h>
#include<stdlib.h>
int main(){
FILE * fp = fopen("D:/demo.txt", "r");
char ch;
if (fp != NULL){
    while( (ch = fgetc(fp)) != EOF)          //从文件中读取字符
        printf("%c", ch);                    //将字符显示在屏幕上
}
else{
    printf("Fail to open the file\n");
    exit(0);
}
    fclose(fp);
    return 0;
}
```

在 D 盘建立一个 demo.txt 文件,并且在文件中输入一些字符,运行代码,检测程序是否将文件中的所有字符读取出来,并且显示出来。

2. fputc()函数

fputc()函数的原型为:

```
int fputc(char ch, File * fp);
```

该函数的作用是把字符 ch 写入所打开的文件中,如果写入成功,则返回该字符,否则返回 EOF。

【例 10.2】 从键盘输入一个字符串,将字符串写入文件 demo.txt 中,直到输入♯停止输入。
完成任务的代码如下:

```
#include<stdio.h>
#include<stdlib.h>
int main(){
    FILE * fp = fopen("demo.txt", "w");
    char ch;
    if (fp != NULL){
    while( (ch = getchar()) != '♯')
        fputc(ch, fp);
    }
    else{
        printf("Fail to open the file\n");
        exit(0);
    }
    fclose(fp);
    return 0;
}
```

运行代码,检测字符串是否成功写入文件中。

10.3.2　字符串读写函数 fgets( ) 和 fputs( )

字符串读写函数为 fgetc( ) 函数和 fputc( ) 函数，但每次只读写一个字符，处理效率太低。C 语言还提供了字符串的读写函数，分别是 fgets( ) 函数和 fputs( ) 函数，它们对文件的读写以字符串为单位。

1. fgets( ) 函数

fgets( ) 函数的原型为：

```
char  * fgets( char * buf, int n, FILE * fp);
```

该函数的作用是从文件中读取长度为 n−1 的字符串存入起始地址为 buf 的存储空间中。如果读取成功，则返回地址 buf；如果读取失败，则返回 NULL。需要注意的是，使用 fgets( ) 函数时，如果读取到 n−1 个字符时，还未遇到换行符或者文件结束标志，则系统会在末尾自动添加'\0'，构成 n 个字符存入 buf 中。如果在读取到 n−1 个字符之前遇到换行符，或者读到了文件末尾，则结束本次操作，不再继续往下读取，地址 buf 中存入实际读入的字符串。因此，fgets( ) 函数至多只能读取一行数据，不能跨行读取多行数据。

2. fputs( ) 函数

fputs( ) 函数的原型为：

```
int fputs(char * buf, FILE * fp);
```

该函数的作用是将一个字符串写入指定的文件之中，如果写入成功则返回 0，否则返回 EOF。

【例 10.3】　输入字符串"hello,world!"到文件 demo.txt 中。

完成任务的代码如下：

```
# include< stdio. h>
# include< stdlib. h>
int main(){
    FILE * fp = fopen("demo.txt", "w");
    if (fp != NULL){
        fputs("hello,world!\n",fp);
    }
    else{
    printf("Fail to open the file\n");
        exit(0);
    }
    fclose(fp);
    return 0;
}
```

运行代码，打开文件检查字符串是否写入文件中。

10.3.3　格式化读写函数 fscanf( ) 和 fprintf( )

上述文件读写函数都是操作字符，如果想将整数或者其他类型数据写入文件中，将如何实现？

视频讲解

C 语言提供了 fscanf()函数和 fprintf()函数实现格式化读写。fscanf()函数和 fprintf()函数与 scanf()函数、printf()函数的功能相似,两者的区别在于前者的读写对象是磁盘文件,而后者的读写对象是键盘和显示器。

fscanf()函数和 fprintf()函数的原型分别为:

```
int fscanf(FILE * fp, char * format, args);
int fprintf(FILE * fp, char * format, args);
```

其中,参数 fp 为文件指针;format 为格式控制符;args 为参数列表。

fscanf()函数的作用是从文件中按照 format 的格式读出若干数据,然后存储到 args 所指的内存单元中。函数返回值为成功从文件中读取的数据个数。

fprintf()函数的作用是将输出列表中的数据,按照 format 的格式写入文件中。函数返回值为成功存入文件中的数据个数。

fscanf()函数、fprintf()函数与 scanf()函数、printf()函数的使用非常相似,两者的区别只是多了文件指针。

【例 10.4】 将游戏最高分写入 demo.txt 文件中。

完成任务的代码如下:

```
#include<stdio.h>
#include<stdlib.h>
int main(){
    int bestScore = 100;
    FILE * fp = fopen("demo.txt", "w");
    if (fp != NULL){
        fprintf(fp,"%d", bestScore);
    }
    else{
        printf("Fail to open the file\n");
        exit(0);
    }
    fclose(fp);
    return 0;
}
```

运行代码,打开文件,检测分数是否写入文件中。同理,从文件中读取最佳纪录使用 fscanf()函数,读者可以自己尝试一下,并且将此功能加入"贪吃蛇"游戏中。

【例 10.5】 读取 demo.txt 文件中的数据,文件中的数据有 64 个整数,并且根据数据,将图像显示在"模拟电子屏"上。

完成任务的代码如下:

```
#include"screen.h"
#include<stdio.h>
#include<stdlib.h>
#define SIZE 8
int main(){
    initGame(SIZE);
```

```
int value[SIZE][SIZE] = {0};
int row, col;
FILE * fp = fopen("demo.txt", "r");
if (fp != NULL){
  for( row = 0; row < SIZE; row++){
      for(col = 0; col < SIZE; col++){
          fscanf(fp, "%d", &value[row][col]);
      }

  }
}
else{
      printf("Fail to open the file\n");
      exit(0);
}
fclose(fp);
for( row = 0; row < SIZE; row++){
      for(col = 0; col < SIZE; col++){
          if(value[row][col] == 1){
              turnOn(row,col);
          }
      }
}

return 0;
}
```

运行代码，检测是否根据文件中的数据在"模拟电子屏"上显示相应的图像。

10.3.4 数据块读写函数 fread()和 fwrite()

fgets()函数、fputs()函数比 fgetc()函数、fputc()函数读写速度提高了许多，但是每次最多只能从文件中读写一行数据，如果需要读取多行数据，则需要使用数据块读写函数 fread()、fwrite()。

fread()函数和 fwrite()函数的原型分别为：

```
int fread( void * buffer, int size, int count, FILE * fp);
int fwrite(void * buffer, int size, int count, FILE * fp);
```

fread()函数的作用是从指定的文件中读取数据块，fwrite()函数的作用是向指定文件中写入数据。参数 buffer 为内存区块指针，对于 fread()函数，参数 buffer 用来存放读取的数据；对于 fwrite()函数，参数 buffer 用来存放要写入的数据。参数 size 表示每块数据块的大小（需要的字节数）。参数 count 表示要读写的数据块的块数。参数 fp 是文件指针。如果读写成功了，则返回实际读写的数据块数量（正常情况为 count），如果小于 count，可能发生读写错误，也有可能是到了文件末尾。如果文件以二进制形式打开，用 fread()函数和 fwrite()函数可以读写任何类型的信息。

【例 10.6】 在各种应用软件中，都有登录、注册界面，例如玩游戏时，先输入用户名和登录密码才能进入游戏界面。为了长久保存账号信息，程序员需要将一个注册账号信息写入文件中。

完成任务的代码如下：

```
# include < stdio. h>
# include < stdlib. h>

struct user{
    char userName[20];
    char password[20];
};
int main(){
    struct user ur;
    printf("Input userName and password:\n");
    scanf("%s%s",ur.userName, ur.password);
    FILE * fp = fopen("demo.txt", "ab");
    if (fp != NULL){
        if(fwrite(&ur,sizeof(struct user), 1 ,fp) != 1)
            printf("Fail to write the file!\n");
    }
    else{
        printf("Fail to open the file\n");
        exit(0);
    }
    fclose(fp);
    return 0;
}
```

既然有了注册功能，接着需要完成登录功能。输入用户名和密码，如果之前注册过该用户名和密码，则登录成功。代码如下：

```
# include < stdio. h>
# include < stdlib. h>

struct user{
    char userName[20];
    char password[20];
};
int main(){
    struct user ur;
    char uname[20];
    char pword[20];
    printf("Input userName and password:\n");
    scanf("%s%s", uname, pword);
    FILE * fp = fopen("demo.txt", "rb");
    if (fp != NULL){
        while(fread(&ur,sizeof(struct user), 1 ,fp)){
            if(strcmp(ur.userName , uname) == 0
            && strcmp(ur.password , pword) == 0){
                printf("Login succeed!");
            }
```

```
        }
    }
    else{
        printf("Fail to open the file\n");
        exit(0);
    }
    fclose(fp);
    return 0;
}
```

上述代码只有登录成功时的提示，没有登录失败时的提示。这样对用户不太友好，读者可以尝试进一步完善代码。

10.4 文件随机访问

前面介绍的文件读写方式都是顺序读写，即读写文件只能从头开始，然后顺序读写各个数据。但是实际问题中常常只需要读写文件的某一部分，例如登录、注册系统中，有时需要修改密码，将修改的密码重新写入文件中。为了解决这个问题，可先移动文件内部的位置指针到需要读写的位置，然后再进行读写。文件中有一个位置指针，指向当前读写的位置，如同使用 Word 时，需要在某个位置写入内容，需要先将光标移动到需要写入的位置。这种在指定位置读写被称为随机读写。实现随机读写的关键是文件的定位，也就是按照要求移动位置指针。C 语言提供了 fseek()、rewind()、ftell()这三个与文件的读写位置相关的函数，可以帮助程序设计者完成文件的随机读写。

10.4.1 fseek()函数

fseek()函数的原型为：

```
int fseek(FILE * fp, long offset, int origin);
```

该函数的作用是可以移动数据到文件任意字节处。参数 fp 为文件指针，参数 offset 为偏移量，也就是要移动的字节数，可以为正（向文件末尾方向移动，又称前移）、负（向文件头方向移动，又称后移）、0（不动）。参数 origin 是起始位置，起始位置有三种：文件开头、当前位置和文件末尾，对应的取值如表 10.2 所示。

表 10.2 起始位置

符 号 常 量	值	含 义
SEEK_SET	0	文件开头
SEEK_CUR	1	当前位置
SEEK_END	2	文件末尾

例如：

```
fseek(fp,0L,SEEK_SET);          //表示将文件指针移动到文件头
fseek(fp,10L,SEEK_CUR);         //表示将文件指针从当前位置向前移动10字节
fseek(fp,-10L,SEEK_CUR);        //表示将文件指针从当前位置向后移动10字节
fseek(fp,-10L,SEEK_END);        //表示将文件指针从文件末尾向后移动10字节
```

如果一切正常,fseek()函数的返回值为0；如果出现错误,例如移动的距离超出了文件的范围,其返回值为-1。

【例10.7】 读出文件 demo.txt 中的第二个用户的账号信息。

完成任务的代码如下：

```
# include< stdio.h>
# include< stdlib.h>

struct user{
    char userName[20];
    char password[20];
};
int main(){
    struct user ur;
    FILE * fp = fopen("demo.txt", "rb");
    if (fp != NULL){
        fseek(fp,1L * sizeof(struct user), SEEK_SET);
        if(fread(&ur,sizeof(struct user), 1 ,fp) != 1){
            printf("Fail to read the file!\n");
        }
        else{
            printf("%s, %s\n",ur.userName,ur.password);
        }
    }
    else{
    printf("Fail to open the file\n");
        exit(0);
    }
    fclose(fp);
    return 0;
}
```

读者可以尝试一下完成修改密码的功能,将新的密码保存到文件中。除了 fseek()函数之外,还有 rewind()函数用于使文件指针重返文件开头。rewind()函数的原型为：

```
void rewind(FILE * fp);
```

该函数没有返回值,参数 fp 为文件指针。

10.4.2　ftell()函数

采用随机方式读写文件时,文件位置频繁移动,往往不容易确定文件的当前指针。ftell()函数

的作用是返回当前的位置。ftell()函数的原型为：

```
long ftell(FILE * fp);
```

该函数返回一个 long 型整数，得到文件位置指针相对于文件开头位置的偏移量。

10.5 文件状态检测

当函数返回值 EOF 时，可能存在两种情况：文件到了结尾处或者发生读取错误。为了进一步区分这两种情况，可以使用文件状态检测函数 feof()和 ferror()。

1. feof()函数

feof()函数的原型为：

```
int feof(FILE * fp);
```

该函数的作用为测试 fp 所指的文件是否已达文件尾，也就是文件是否结束。如果已经结束，则返回非 0 值；如果没有结束，则返回 0。

2. ferror ()函数

ferror()函数的原型为：

```
int ferror(FILE * fp);
```

该函数的作用为测试 fp 所指的文件是否有错误，如果有错误，则返回非 0 值；如果没有错误，则返回 0。

【例 10.8】 把整个文件的内容都读出来，并显示在屏幕上。

完成任务的代码如下：

```
#include <stdio.h>
#include <stdlib.h>
int main(){
    FILE * fp = fopen("demo.txt", "r");
    char ch;
    if (fp != NULL){
        while( !feof(fp) )                //判断文件是否结束
            printf("%c", fgetc(fp));      //从文件中读取字符并显示在屏幕上
    }
    else{
        printf("Fail to open the file\n");
        exit(0);
    }
    fclose(fp);
    return 0;
}
```

10.6　综合案例：用户管理系统重构

在大数据时代,云存储已成为主流方式之一。信息保留的重要性不言而喻,从古至今,人们都会将重要的信息长期保留下来。因此,在互联网时代,每天产生海量的信息,大数据处理和云存储顺势而生。

在第 9 章的案例中,虽然实现了登录系统的基本功能,但是数据无法长久保存。每一个游戏通常都有用户信息管理系统,设计一个简单的用户信息管理系统,有登录、注册功能。输入正确的用户名和密码,登录成功之后,才能玩游戏。

完整的代码如下:

```c
#include"screen.h"
#include<stdio.h>
#include<stdlib.h>
#define SIZE 8

typedef struct tagUser{
    char userName[20];
    char password[20];
    struct tagUser * next;

} user;


user * pData;


int isSameName(char * uname){
    FILE * fp = fopen("student.dat", "rb");
    user ur;
    while(fread(&ur,sizeof(user), 1 ,fp)){
        if(strcmp(ur.userName , uname) == 0){
            return 1; }
    }
    fclose(fp);

    return 0;
}

user * creatUser(){
    user * puser = (user * )malloc(sizeof(user));
    if(puser == NULL){
        printf("内存申请失败!\n");
        return NULL;
    }
```

```
        printf("请输入用户名:\n");
        scanf("%s",puser->userName);
        while(isSameName(puser->userName)){
            printf("用户名已存在,请重新输入用户名:\n");
            scanf("%s",puser->userName);

        }
        printf("请输入密码:\n");
        scanf("%s",puser->password);

        return puser;

}


int addUser(user *pUser){
    FILE *fp = fopen("student.dat", "ab");
    if(fp == NULL || pUser == NULL){
        printf("注册失败!\n");
        return 0;
    }

    fwrite(pUser,sizeof(user),1,fp);
    printf("注册!\n");

    fclose(fp);

    return 1;
}

void registerUser(){
    user *puser = creatUser();
    addUser(puser);


}


int login(){
    FILE *fp = fopen("student.dat", "rb");
    user ur;
    char uname[20],pword[20];
    printf("请输入用户名:\n");
    scanf("%s",uname);
    printf("请输入密码:\n");
    scanf("%s",pword);
    user *p = pData;
    while(fread(&ur,sizeof(user), 1 ,fp)){
       if(strcmp(ur.userName , uname) == 0
            && strcmp(ur.password , pword) == 0){
          printf("登录成功!");
```

```
            return 1; }
    }

    printf("登录失败,请重新登录!\n");
    return 0;

}


void ShowMenu(){
        //system("cls");
        printf("----------------------------- 登录系统 ----------------------- \n");
        printf("1.注册 2.登录");
        printf("\n----------------------------------------------------------- \n");
}


int main(){
    int mode;
    int islogin = 0;
    while(islogin == 0){
        ShowMenu();
        printf("请选择需要的操作:\n");
        scanf(" % d",&mode);
        if(mode == 1){
            registerUser();
        }

        if(mode == 2){
            if(login() == 1){
                islogin = 1;
            }
        }

        if(mode != 1 && mode != 2){
            printf("选择操作错误,请重新选择:\n");
        }
    }
    initGame(SIZE);
    return 0;
}
```

通过文件的方式,数据可以长期保存。即使程序关闭之后,再次打开程序时,直接输入正确的用户名和密码,也可以成功登录。

习题

10.1 如果文本文件demo.txt文件已经存在，现在需要清空所有数据，写入全新数据，应以_____方式打开。

    A. wb+   B. r   C. w   D. wb

10.2 C语言中对文件操作的一般步骤为_____。

    A. 打开文件→操作文件→关闭文件   B. 操作文件→打开文件→关闭文件

    C. 读写文件→打开文件→关闭文件   D. 打开文件→读文件→写文件

10.3 若要一个新的二进制文件，该文件既能读也能写，应以_____方式打开。

    A. ab+   B. rb+   C. wb+   D. rb

10.4 编写程序，统计文本文件中单词的个数。

10.5 编写程序，将屏幕显示的图像对应的二维数组数据保存到文件中。

10.6 编写程序，将一个文本文件中的内容复制到另一个文件中。

第11章

综合应用

虽然"模拟电子屏"项目能够帮助读者实现各种有趣的小游戏,但是美中不足的是项目缺少一个漂亮的图形化界面。例如 Flappy Bird 游戏,如果使用"模拟电子屏"项目完成,界面只能如图 11.1 所示。

虽然图 11.1 与有着漂亮界面的 Flappy Bird 游戏功能相似,但是用户体验却相差甚远。如果想实现图 11.2 所示的界面,该如何实现呢?

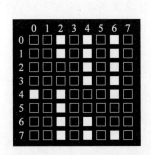

图 11.1　简易版 Flappy Bird 游戏

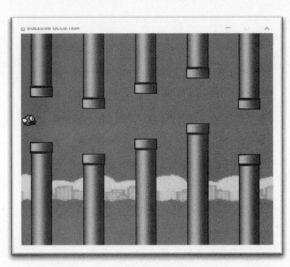

图 11.2　升级版 Flappy Bird 游戏

因为 C 语言没有自带的图形库,所以需要借助第三方图形库来完成任务。C 语言常用的图形库有 EGE 库、easyX 库、GRX 库、dislin 库、allegro 库等。其中 EGE 库支持 Windows 系统,而且免费开源,对于初学者来说,非常简单友好,容易上手,所以本书以 EGE 为例。其他库的使用方法与 EGE 库大同小异,如果读者感兴趣,可以根据网络教程自行学习。

C语言是一门低调而内敛的语言，就像一位绝顶高手，深藏功与名。C语言常常用来做底层开发，在后台默默提供服务。对于图形库，读者可以用来辅助学习C语言，并不需要花过多精力深入研究。如果想实现有漂亮界面的应用层软件，例如各种常用的移动应用App、网站等，可以使用Java、JavaScript等语言，它们有自带的标准图形库。

1.1 EGE 库简介

EGE库是misakamm开发的Windows操作系统下的简易绘图库，目的是帮助更多人学习C语言。该图形库简单友好，容易上手，非常适合初学者学习使用。该库免费开源，并且在网络上有非常多的教程和经典的案例可以帮助读者学习C语言。

EGE库已经完美支持VC6、VC2010、VC2019、DEVCpp、Code∷Blocks和Eclipse等IDE。EGE库的功能非常多，支持图片旋转、透明半透明贴图、图像模糊滤镜操作，可以读取常见的图片格式（bmp/jpg/png）。

在EGE库的帮助下，读者可以充分发挥想象力和创造力，设计并完成各种炫酷多彩的游戏或应用软件。

千里之行，始于足下。使用EGE库的第一步是先到EGE官方网站，下载合适版本的EGE库，并根据网络上的教程进行安装。

11.2 EGE 库的安装与配置

软件安装
指导文件

EGE库的安装主要包括3个步骤。

（1）将EGE库文件中的头文件复制到软件安装目录下的include文件夹内。

（2）将库文件复制到软件安装目录下的lib文件夹内。

（3）配置链接参数。

具体步骤可以扫描左方二维码获取电子文档。安装成功后，新建文件测试是否安装成功，代码如下：

```c
#include <graphics.h>

int main()
{
    initgraph(640, 480);
    //设置绘画颜色为红色
    setcolor(EGERGB(0xFF, 0x0, 0x0));
    //设置背景颜色为白色
    setbkcolor(WHITE);
    //画圆
    circle(320, 240, 100);

    getch();
```

```
        closegraph();
        return 0;
    }
```

需要注意的是应将文件保存成 .cpp 文件,因为 EGE 库是 C++ 图形库,保存成 .c 文件会报错,但是这并不影响使用 C 语言编写程序,因为 C++ 兼容 C 语言。

运行代码,如果出现如图 11.3 所示的界面,则说明安装成功;否则意味着安装过程出现问题。没有安装成功可能是由于版本不一致、缺少文件或者复制文件路径错误等原因导致的。

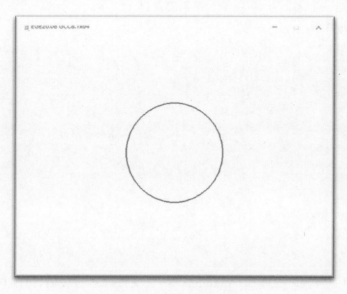

图 11.3 安装成功示意图

如果安装过程中遇到问题,读者可以通过互联网搜索解决方案,也可以直接下载免安装版的 IDE。EGE 库的作用只是辅助完成有漂亮图形界面的程序,帮助理解 C 语言程序,读者不必花太多精力在 EGE 库的安装和学习上。

11.3 EGE 库的使用

视频讲解

使用 EGE 库,需要先了解 EGE 库提供哪些函数,以及这些函数如何使用。EGE 库提供了非常多的库函数,主要包括与绘图环境相关的函数、颜色表示及相关的函数、绘制图形相关的函数、文字输出相关的函数、图像处理相关的函数、键盘鼠标输入的函数等。使用 EGE 库函数时,可以查阅库函数文档,文档中对函数的作用和使用方法都有详细介绍。接下来的内容会对其中一些函数的功能和使用方法进行说明。

11.3.1 创建一个图形窗口

图像化编程,第一步是创建一个图形化界面,也就是图形窗口。

创建图形窗口的函数原型为:

```
void initgraph(int width, int height);
```

该函数的作用是初始化长度为 width、宽度为 height 的窗口。

与创建图形窗口相对应的就是关闭窗口。当结束程序时需要关闭窗口,关闭窗口的函数原型为:

```
void closegraph();
```

该函数的作用是关闭创建的图形窗口。

【例 11.1】 创建一个大小为 600×480 像素的窗口。

完成任务的代码如下:

```
#include <graphics.h>

int main()
{

    initgraph(600, 480);              //初始化 600×480 像素的窗口

    getch();                          //等待用户按键

    closegraph();                     //关闭图形界面

    return 0;
}
```

使用 EGE 库中的函数需要添加 <graphics.h> 头文件。运行代码,出现如图 11.4 所示的窗口,按下任意键,则窗口消失。

图 11.4　创建图形窗口

11.3.2　绘制简单图形

EGE 库提供了许多绘制图形的函数,例如:画直线的 line() 函数、画矩形的 rectangle() 函数、画圆的 circle() 函数等。

line()函数的原型为：

```
void line(int x1, int y1, int x2, int y2);
```

其中，参数 x1 为线的起始点 x 坐标；y1 为线的起始点 y 坐标；x2 为线的终止点的 x 坐标，y2 为线的终止点的 y 坐标。坐标系如图 11.5 所示。

窗口的左上角的坐标为(0,0)，水平方向为 x 轴坐标，垂直方向为 y 轴坐标。

【例 11.2】　编写程序，在窗口上画一条直线。

完成任务的代码如下：

```
# include < graphics. h >

int main()
{
    initgraph(600, 480);
    line(100, 100, 200, 100);                  //画一直线，从(100,100)到(200,100)

    getch();
    closegraph();
    return 0;
}
```

【例 11.3】　编写程序，在窗口上画一个 10 行 10 列的棋盘，如图 11.6 所示。

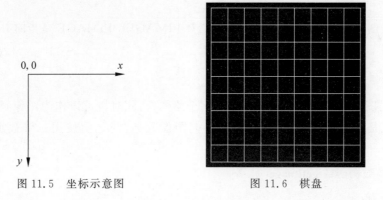

图 11.5　坐标示意图　　　　　　　图 11.6　棋盘

棋盘是由横竖各 10 条直线组成的，只需要计算好每条直线的起始坐标和结束坐标即可，代码如下：

```
# include < graphics. h >

int main()
{
    initgraph(600, 480);

    int i = 0;

    for(i = 0; i < 10; i++){
```

```
            line(100, 100 + 40 * i, 460, 100 + 40 * i);        //横线
            line(100 + 40 * i, 100, 100 + 40 * i,460);          //竖线
    }
    getch();
    closegraph();
    return 0;
}
```

读者可以尝试在棋盘上画黑白棋子，也就是画实心圆。

11.3.3　图像处理

视频讲解

在窗口上实现简单的绘图，还不能实现漂亮的界面。如果想实现漂亮的图像界面，还需要使用与图像处理相关的函数。将图像显示在屏幕上的步骤如下。

（1）创建一个图像对象。

（2）导入图像数据。

（3）显示图像。

（4）使用完图像之后，销毁图像。

1. 创建图像对象函数 newimage()

函数的原型为：

```
PIMAGE newimage();
```

该函数的作用是创建图像对象，并返回图像的指针 PIMAGE。PIMAGE 是指向 IMAGE 的指针类型，其定义如下：

```
typedef  IMAGE * PIMAGE;
```

其中，IMAGE 是图像类，IMAGE 对象相当于一个绘图板，同时也可以作为图像画到其他 IMAGE 上。这个过程就是动态分配存储空间，用来存储图像数据，与之前使用二维数组存储图像数据相似。

2. 导入图像数据函数 getimage()

函数的原型为：

```
int getimage(PIMAGE pDstImg, LPCTSTR pImagFile);
```

其中，参数 pDstImg 为保存图像的 IMAGE 对象指针，pImagFile 为图像文件名。例如：

```
getimage(pimg, "D:/ege/image.png");
```

其作用是将 D 盘 ege 文件夹下的名为 image.png 的图像导入，存放在 pimg 所指向的 image 对象中。需要注意的是，Windows 的文件路径显示为 D:\ege\image.png，只有一个反斜杠，但是 C/C++中的反斜杠与其他符号搭配用作转义字符，所以反斜杠本身需要用\\来表示。在 C 语言中文件的路径为：

```
D:\\ege\\image.png
```

当然也可以使用斜杠,如：

D:/ege/image.png

文件的路径一定要正确,否则就无法正常导入文件。导入文件时,也可以使用相对路径,例如：

getimage(pimg, " image.png");

其作用是将项目所在的文件夹下名为 image.png 的图像导入。

文件导入成功之后,就可以对图像数据进行处理,例如将图像显示在窗口中。

3. 显示图像函数 putimage()

函数的原型为：

void putimage(int dstX, int dstY, PIMAGE pSrcImg);

其作用是将图像显示在窗口上,参数 dstX 为绘制位置的 x 坐标,参数 dstY 为绘制位置的 y 坐标,参数 pSrcImg 为要绘制的 IMAGE 对象指针。

当图像不再使用时需要销毁图像,释放内存,不然会造成内存泄漏。

4. 销毁图像函数 delimage()

函数的原型为：

void delimage(PIMAGE pimg);

其作用是销毁图像,参数 pimg 为所要销毁图像的指针。

【例 11.4】 编写程序,将图像显示在窗口上。

图像保存在项目文件中的 res 文件下,文件名为 bg.png。代码如下：

```
#include <graphics.h>
int main()
{

    PIMAGE pimg;                    //声明一个 img 图像对象
    initgraph(600, 480);

    /* 用 newimage()函数在 initgraph 后创建这个对象。
       但记得要在不使用时用 delimage()函数删除对象 */
    pimg = newimage();

    /* 导入对应的图像文件 */
    getimage(pimg, "res/bg.png");

    /* 把 img 图像画在指定的坐标上,左上角对齐这个坐标 */
    putimage(0, 0, pimg);

    getch();
    delimage(pimg);                 //销毁图像,释放内存
    closegraph();
    return 0;
}
```

运行代码，导入的图像显示在屏幕上，如图 11.7 所示。

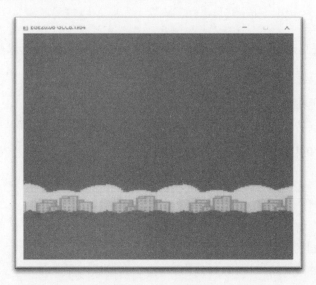

图 11.7　显示图像

如果想要在背景图后面加上小鸟的图像，方法也是如此，声明一个图像对象，获得对应的数据，显示在屏幕上，代码如下：

```c
#include <graphics.h>

int main()
{

    PIMAGE pimg;                          //声明一个背景图对象
    PIMAGE pBirdimg;                      //声明一个小鸟图对象

    initgraph(600, 480);

    pimg = newimage();
    pBirdimg = newimage();

    getimage(pimg, "res/bg.png");         //导入背景图
    getimage(pBirdimg, "res/bird.png");   //导入小鸟图

    putimage(0, 0, pimg);                 //显示背景图
    putimage(0, 150, pBirdimg);           //显示小鸟图

    getch();
    delimage(pimg);                       //销毁背景图
    delimage(pBirdimg);                   //销毁小鸟图

    closegraph();
    return 0;
}
```

运行代码,结果如图 11.8 所示。

图 11.8 显示小鸟

虽然显示了小鸟的图像,但是小鸟背后的黑色框非常影响视觉效果,如果想消除黑色的框,则需要使用绘制带透明通道的图函数 putimage_withalpha()。

5. 绘制带透明通道的图函数 putimage_withalpha()

函数的原型为:

```
int putimage_withalpha(
    PIMAGE imgdest,                    //目标图像
    PIMAGE imgsrc,                     //源图像
      int dstX,                        //目标图像左上角的 x 坐标
      int dstY,                        //目标图像左上角的 y 坐标
      int srcX = 0,                    //源图像左上角的 x 坐标
      int srcY = 0,                    //源图像左上角的 y 坐标
      int srcWidth = 0,                //源图像混合区域的宽度
      int srcHeight = 0                //源图像混合区域的高度
);
```

该函数有 8 个参数,参数 imgdest 是目标图像,表示绘制到哪个图像上,如果绘制到窗口,则传入参数 NULL。参数 imgsrc 是源图像,也就是要显示的图像。参数 dstX 为绘制位置的 x 坐标,dstY 为绘制位置的 y 坐标。后面 4 个参数有默认值,作用是截取图像的一部分绘制。如果调用时不写后 4 个参数则默认原图绘制。

该函数的作用是绘制带透明通道的图像。带透明通道的作用就是几个图形叠加时,让上层的图形透出下层图形的色彩信息,制作游戏时,为了避免出现黑框,应该选择带透明通道的图像,或者给图像制作透明通道。

使用绘制带透明通道的图函数 putimage_withalpha()显示小鸟,代码如下:

```
# include <graphics.h>

int main()
{

    PIMAGE pimg;                              //声明一个背景图对象
    PIMAGE pBirdimg;                          //声明一个小鸟图对象

    initgraph(600, 480);

    pimg = newimage();
    pBirdimg = newimage();

    getimage(pimg, "res/bg.png");             //导入背景图
    getimage(pBirdimg, "res/bird.png");       //导入小鸟图

    putimage(0, 0, pimg);                     //显示背景图
    putimage_withalpha(NULL, pBirdimg,0,150);

    getch();
    delimage(pimg);                           //销毁背景图
    delimage(pBirdimg);                       //销毁小鸟图

    closegraph();
    return 0;
}
```

运行代码,结果如图 11.9 所示。

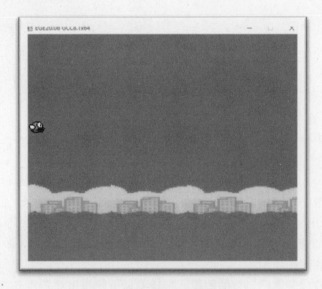

图 11.9　带透明通道图像显示

掌握了与图像相关的处理函数,就能实现有漂亮界面的游戏。

【例 11.5】　编写程序,显示长短不一的管道,如图 11.10 所示。

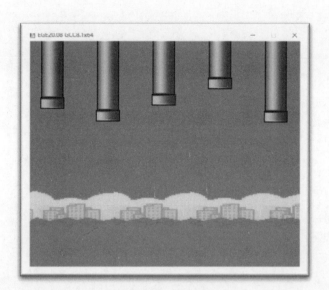

视频讲解

图 11.10 管道显示

实现任务最直接的方法就是每一个管道使用一幅图像保存,5 个管道总共需要 5 幅图像。这个方法较为烦琐,而且不够灵活,例如游戏中管道的高度随机生成,使用这种方法就无法实现。利用 putimage_withalpha( )函数,只需要一幅图像就可以灵活地解决这个问题,修改函数的参数 dstY,也就是绘制图像的 y 坐标即可。例如:

```
putimage_withalpha(NULL, pPipimg,100, - 40);
```

这样,管道上面的 40 像素就不会显示,也就是显示的管道比原图小 40 像素,通过这个参数就能实现长短不一的管道。假定每个管道之间的间距为固定的 120 像素,实现任务的代码如下:

```
# include < graphics. h >
# define PIPINTERVALWIDTH 120
int main( )
 {
    / * 声明一个 img 图像对象 * /
    PIMAGE pimg;
    PIMAGE pPipimg;

    initgraph(600, 480);



    pimg = newimage( );
    pPipimg = newimage( );

    getimage(pimg, "res/bg. png");
    getimage(pPipimg, "res/pipe_up. png");

    / * 把 pimg 整个图像画在指定的坐标上,左上角对齐这个坐标 * /
```

```
putimage(0, 0, pimg);

int y[5] = {-40, -50, -80, -30, -10};

int i;
for( i = 0; i < 5; i++){
    putimage_withalpha(NULL, pPipimg, PIPINTERVALWIDTH * i,y[i]);
}


getch();

delimage(pimg);
delimage(pPipimg);

closegraph();
return 0;
}
```

运行代码，显示出 5 个长短不一的管道。

视频讲解

11.4 综合案例：Flappy Bird 游戏

视频讲解

Flappy Bird 游戏是由一名越南游戏制作者独自开发的，曾经风靡全球。游戏规则非常简单，玩家必须控制一只小鸟，跨越由各种长度的水管所组成的障碍物，如果撞上管道游戏就结束，如图 11.11所示。

图 11.11 Flappy Bird 游戏

完成游戏的步骤与第6章的"贪吃蛇""打砖块"等游戏的步骤没有区别,都是遵循如下游戏设计步骤。

(1) 根据游戏规则,统计游戏画面中会出现的游戏角色。然后根据游戏角色的特征选择合适的数据类型保存数据,通常有变量、一维数组、二维数组。

(2) 根据这些角色最开始在屏幕上的位置,对每一个角色的数据进行初始化。

(3) 根据数据,将每一个角色显示在屏幕上。

(4) 根据游戏规则,更新每一个角色的数据,形成新的画面。

唯一的区别在于,之前的游戏角色的图像都是由小方块组成的,现在的游戏角色的图像都是由漂亮的图片组成的。

根据游戏的简介可知,Flappy Bird游戏只有两个游戏角色:小鸟和水管,则分别设计小鸟和水管的结构体类型数据。游戏中只有一只小鸟,而水管有多个,所以可以选择用单个变量存储小鸟的数据信息,用一维数组存储水管的数据信息。

小鸟的信息包括在屏幕上的位置、图片信息以及生命状态,则结构体类型为:

```
typedef struct {
    int x;
    int y;
    PIMAGE pimag;            //小鸟图片对象
    int alive;              //小鸟生命状态
} bird;
```

水管的信息包括在屏幕上的位置和图片信息。每一组水管由上、下两个管道组成,假定上、下管道之间的空隙高度为固定的100像素。因此构建管道的结构体需要保存上、下管道在屏幕上的位置,还有上管道的高度,则结构体类型为:

```
typedef struct {
    int x;                  //上、下管道的x坐标
    int upy;                //上管道的y坐标
    int downy;              //下管道的y坐标
    int upHeight;           //上管道的高度
    PIMAGE pUpimag;         //上管道的图片对象
    PIMAGE pDownimag;       //下管道的图片对象
} pip;
```

声明好结构体内容之后,可以根据结构体,选择合适的数据类型存储数据信息。接着按照初始化数据、显示数据、更新数据三个步骤分别完成相应的内容。

1. 初始化数据

初始化鸟的代码如下:

```
void initBird(bird * pBird){
    pBird->pimag = newimage();
    getimage(pBird->pimag, "res/bird.png");
    pBird->x = 10;
```

```
    pBird->y = 180;
    pBird->alive = 1;
}
```

初始化管道的代码如下：

```
#define PIPNUM 5                                    //水管数量为5
#define PIPINTERVALWIDTH 120                        //水管之间的间隔固定为120像素
#define PIPINTERVALHEIGHT 100                       //上、下管道之间的间隔固定为100像素
#define PIPIMAGHEIGHT 320                           //管道原图片高度为320像素
void initPip(pip * pPipArray){
    int i = 0;
    for(i = 0; i < PIPNUM; i++){
        pPipArray[i].pUpimag = newimage();
        getimage( pPipArray[i].pUpimag, "res/pipe_up.png");
        pPipArray[i].pDownimag = newimage();
        getimage(pPipArray[i].pDownimag, "res/pipe_down.png");


        pPipArray[i].upHeight = rand() % 100 + 100;    //上管道的高度为100～200像素


        pPipArray[i].x = PIPINTERVALWIDTH * i + 30;
        pPipArray[i].upy = pPipArray[i].upHeight - PIPIMAGHEIGHT;
        pPipArray[i]. downy = pPipArray[i].upHeight + PIPINTERVALHEIGHT;
    }
}
```

2. 显示数据

显示背景图的代码如下：

```
void showMap(PIMAGE pbgimg){
    putimage(0, 0,pbgimg);
}
```

显示小鸟的代码如下：

```
void showBird(bird * pBird){
    putimage_withalpha(NULL,pBird->pimag,pBird->x, pBird->y);
}
```

显示管道的代码如下：

```
void showPip(pip * pPipArray){
    int i = 0;
    for(i = 0; i < PIPNUM; i++){
      putimage_withalpha(NULL,pPipArray[i].pUpimag,pPipArray[i].x
, pPipArray[i].upy);
```

```
        putimage_withalpha(NULL,pPipArray[i].pDownimag,pPipArray[i].x
,pPipArray[i].downy);
        }
}
```

3．更新数据

更新小鸟的数据包括两部分。

（1）小鸟的位置变化。

（2）小鸟的生命状态，当小鸟撞到管道时，游戏结束。

判断小鸟是否与管道发生碰撞，可以抽象为两个矩形是否相交。如果相交，则发生了碰撞。判断矩形相交的方法有很多，在这个游戏中，可以简化处理为如图 11.12 所示的模型。

中间的小方块表示小鸟，两个大方块分别代表上、下管道。每个方块的4 个点的坐标都是已知的。小鸟的矩形左上角的坐标为(pBird-> x,pBird-> y)，右下角的坐标为(pBird-> x+35,pBird-> y+25)，其中数值 35、25 分别为小鸟图片的宽度和高度。上面管道的左上角坐标为（pPipArray[i].x，pPipArray[i].upy)，右下角的坐标为(pPipArray[i].x+52,pPipArray[i].upy+320)，其中数值 52、320 分别为上管道图片的宽度和高度。下面管道的左上角坐标为(pPipArray[i].x,pPipArray[i].downy)，右下角的坐标为(pPipArray[i].x+52，pPipArray[i].downy+320)。

图 11.12　物体碰撞
检测模型

当小鸟飞进管道所在的区域时，意味着两种可能：左边的一条边或者右边的一条边在管道的左右两条边之间。代码如下：

```
if( (pBird-> x > pPipArray[i].x && pBird-> x < pPipArray[i].x + 52) ||
    (pBird-> x + 35 > pPipArray[i].x && pBird-> x + 35 < pPipArray[i].x + 52))
{
}
```

当小鸟飞进管道所在的区域时，有两种情况意味着发生碰撞。

（1）小鸟上面一条边的 y 轴坐标值小于上管道底部边的 y 轴坐标值。

（2）小鸟下面一条边的 y 轴坐标值大于下管道顶部边的 y 轴坐标值。

判断小鸟生命状态函数的代码如下：

```
#define PIPIMAGWIDTH 52              //管道原始图片宽度为 52 像素
#define PIPIMAGHEIGHT 320            //管道原始图片高度为 320 像素

#define BIRDIMAGWIDTH 35             //小鸟原始图片宽度为 35 像素
#define BIRDIMAGHEIGHT 25            //小鸟原始图片高度为 25 像素

#define PIPINTERVALWIDTH 120
#define PIPINTERVALHEIGHT 100


int isBirdLive(bird * pBird,pip * pPipArray){
```

```
    int i ;
    int pipEndx,birdEndx;
    for(i = 0; i < PIPNUM; i++){
        pipEndx = pPipArray[i].x + PIPIMAGWIDTH;
        birdEndx = pBird->x + BIRDIMAGWIDTH;
        if( ( pBird->x > pPipArray[i].x && pBird->x < pipEndx) ||
            (birdEndx > pPipArray[i].x && birdEndx < pipEndx)){
                if((pBird->y < pPipArray[i].upHeight) ||
                    (pBird->y + BIRDIMAGHEIGHT > pPipArray[i].downy)){
                        return 0;
                    }
            }
    }
    return 1;
}
```

更新的小鸟生命的函数的代码如下：

```
void updateBirdLive(bird * pBird,pip * pPipArray){
    pBird->alive = isBirdLive(pBird,pPipArray);
}
```

更新小鸟运动的代码较为简单，小鸟只有上下运动，当按下空格键时，小鸟向上运动，没有按键时小鸟不断向下运动。代码如下：

```
#define BIRDDOWNSPEED 4            //小鸟每次向下运动的距离为4像素
#define BIRDUPSPEED 10             //小鸟每次向上运动的距离为10像素
void updateBirdImage(bird * pBird){
    if (kbhit()) {                 //检测当前是否有键盘输入
        if (getch() == 32){        //空格键
            pBird->y = pBird->y - BIRDUPSPEED;
        }
    }
    else{
            pBird->y = pBird->y + BIRDDOWNSPEED;
    }

}
```

更新管道的数据，管道不断向左运动，代码如下：

```
void updatePip(pip * pPipArray){
    int i = 0;
    for(i = 0; i < PIPNUM; i++){
      pPipArray[i].x = pPipArray[i].x - PIPSPEED;

        /* 当管道运动到最左边的边界时，将坐标值赋值为最右边的边界，
           这样可以保证管道不断循环出现. */
        if(pPipArray[i].x < - PIPIMAGWIDTH){
          pPipArray[i].x = WINDOWWIDTH;
```

```
        }
    }

}
```

完整的代码如下：

```
#include <graphics.h>

#define WINDOWWIDTH 600
#define WINDOWHEIGHT 480

#define PIPIMAGWIDTH 52
#define PIPIMAGHEIGHT 320


#define BIRDIMAGWIDTH 35
#define BIRDIMAGHEIGHT 25

#define PIPINTERVALWIDTH 120
#define PIPINTERVALHEIGHT 100

#define BIRDDOWNSPEED 4
#define BIRDUPSPEED 10

#define PIPSPEED 3
#define PIPNUM 5


typedef struct {
    int x;
    int y;
    PIMAGE pimag;
    int alive;
} bird;


typedef struct {
    int x;
    int upy;
    int downy;
    int upHeight;
    PIMAGE pUpimag;
    PIMAGE pDownimag;

} pip;



void initBird(bird * pBird){
```

```
        pBird -> pimag = newimage();
         getimage(pBird -> pimag, "res/bird.png");

        pBird -> x = 10;
        pBird -> y = 180;
        pBird -> alive = 1;

}

void initPip(pip * pPipArray){
     pip * pPip;
     int i = 0;
     for(i = 0; i < PIPNUM; i++){
         pPip = pPipArray + i;
         pPip -> pUpimag = newimage();
         getimage( pPip -> pUpimag, "res/pipe_up.png");
         pPip -> pDownimag = newimage();
         getimage(pPip -> pDownimag, "res/pipe_down.png");

         pPip -> upHeight = rand() % 100 + 100;

         pPip -> x = PIPINTERVALWIDTH * i + 30;
         pPip -> upy = pPip -> upHeight - PIPIMAGHEIGHT;
         pPip -> downy = pPip -> upHeight + PIPINTERVALHEIGHT ;

     }


}


void showBird(bird * pBird){
     putimage_withalpha(NULL,pBird -> pimag,pBird -> x, pBird -> y);
}

void showPip(pip * pPipArray){
     int i = 0;
     for(i = 0; i < PIPNUM; i++){
       putimage_withalpha(NULL,pPipArray[i].pUpimag,
                         pPipArray[i].x, pPipArray[i].upy);


       putimage_withalpha(NULL,pPipArray[i].pDownimag,
                         pPipArray[i].x, pPipArray[i].downy);

     }

}


int isBirdLive(bird * pBird,pip * pPipArray){
```

```
        int i ;
        int pipEndx,birdEndx;
        for(i = 0; i < PIPNUM; i++){
            pipEndx = pPipArray[i].x + PIPIMAGWIDTH;
            birdEndx = pBird->x + BIRDIMAGWIDTH;
            if((pBird->x > pPipArray[i].x && pBird->x < pipEndx) ||
               (birdEndx > pPipArray[i].x && birdEndx < pipEndx)){
                  if((pBird->y < pPipArray[i].upHeight) ||
                     (pBird->y + BIRDIMAGHEIGHT > pPipArray[i].downy)){
                        return 0;
                  }
            }
        }
        return 1;
}


void updateBirdLive(bird * pBird,pip * pPipArray){

        pBird->alive = isBirdLive(pBird,pPipArray);
}

void updateBirdImage(bird * pBird){
        if (kbhit()) {
            if (getch() == 32){
                pBird->y = pBird->y - BIRDUPSPEED;
            }
        }
        else{
                pBird->y = pBird->y + BIRDDOWNSPEED;
        }

}


void updatePip(pip * pPipArray){
    int i = 0;
    for(i = 0; i < PIPNUM; i++){
      pPipArray[i].x = pPipArray[i].x - PIPSPEED;


      if(pPipArray[i].x < - PIPIMAGWIDTH){
        pPipArray[i].x = WINDOWWIDTH;

      }
    }

}


void initMap(PIMAGE pbgimg){
```

```
        getimage(pbgimg, "res/bg.png");
}
void showMap(PIMAGE pbgimg){
    putimage(0, 0,pbgimg);
}

void showGameOver(){
    PIMAGE poverimg;
    poverimg = newimage();
    getimage(poverimg, "res/game_over.png");
    putimage_withalpha(NULL,poverimg,200, 200);
    delimage(poverimg);
}

int main()
{
        initgraph(WINDOWWIDTH, WINDOWHEIGHT);

        PIMAGE pbgimg;
        pbgimg = newimage();

        bird flappyBird;
        pip piplist[PIPNUM];

        initMap(pbgimg);
        initBird(&flappyBird);
        initPip(piplist);


        while(flappyBird.alive){
            Sleep(50);
            cleardevice();
            showMap(pbgimg);
            showBird(&flappyBird);
            showPip(piplist);
            updateBirdLive(&flappyBird,piplist);
            updateBirdImage(&flappyBird);

            updatePip(piplist);

        }


        showGameOver();

        delimage(pbgimg);
        delimage(flappyBird.pimag);

        int i = 0;
```

```
    for(i = 0; i < PIPNUM; i++){
        delimage(piplist[i].pUpimag);
        delimage(piplist[i].pDownimag);
    }



    while(getch() != 'a'){
    };



    closegraph();
    return 0;
}
```

仔细观察就会发现 Flappy Bird 游戏就是"赛车"游戏的变体，Flappy Bird 游戏改变最大的就是将玩法导向了自虐模式，正是这点微小的创新，就让游戏体验变得不一样，更加吸引人，从而风靡全世界。

习题

11.1　编写程序，实现一个图片显示器，能够循环播放某一个文件夹下的图片。

11.2　编写程序，实现一个简单的跑酷类游戏，遇到障碍物可以跳过去，撞到障碍物游戏结束。

11.3　选择一个你喜欢的游戏，编写程序完成游戏。

附录A

常用字符与ASCII码对照表

常用字符与 ASCII 码对照表如表 A.1 所示。

表 A.1 常用字符与 ASCII 码对照表

ASCII 值	控制字符	ASCII 值	控制字符	ASCII 值	控制字符	ASCII 值	控制字符
0	NUL	23	ETB	46	.	69	E
1	SOH	24	CAN	47	/	70	F
2	STX	25	EM	48	0	71	G
3	ETX	26	SUB	49	1	72	H
4	EOT	27	ESC	50	2	73	I
5	ENQ	28	FS	51	3	74	J
6	ACK	29	GS	52	4	75	K
7	BEL	30	RS	53	5	76	L
8	BS	31	US	54	6	77	M
9	HT	32	(space)	55	7	78	N
10	LF	33	!	56	8	79	O
11	VT	34	"	57	9	80	P
12	FF	35	#	58	:	81	Q
13	CR	36	$	59	;	82	R
14	SO	37	%	60	<	83	S
15	SI	38	&	61	=	84	T
16	DLE	39	'	62	>	85	U
17	DC1	40	(	63	?	86	V
18	DC2	41	)	64	@	87	W
19	DC3	42	*	65	A	88	X
20	DC4	43	+	66	B	89	Y
21	NAK	44	,	67	C	90	Z
22	SYN	45	—	68	D	91	[

续表

ASCII 值	控制字符	ASCII 值	控制字符	ASCII 值	控制字符	ASCII 值	控制字符
92	\	101	e	110	n	119	w
93	]	102	f	111	o	120	x
94	^	103	g	112	p	121	y
95	_	104	h	113	q	122	z
96	`	105	i	114	r	123	{
97	a	106	j	115	s	124	|
98	b	107	k	116	t	125	}
99	c	108	l	117	u	126	~
100	d	109	m	118	v	127	DEL

附录B

关键字及其含义

关键字及其含义如表 B.1 所示。

表 B.1　关键字及其含义

关　键　字	含　　义
auto	声明自动变量
break	跳出当前循环或 switch 语句
case	定义 switch 中的 case 子句
char	声明字符型变量或函数
const	声明只读变量
continue	结束本次循环，开始下一次循环
default	定义 switch 中的 default 子句
do	定义 do-while 语句
double	声明双精度浮点数变量或函数
else	条件语句否定分支
enum	声明枚举类型
extern	声明外部变量或函数
float	声明浮点型变量或函数
for	定义 for 语句
goto	定义 goto 语句
if	定义 if 语句
int	声明整型变量或函数
long	声明长整型变量或函数
register	声明寄存器变量
return	从函数返回
short	声明短整型变量或函数
signed	定义有符号的整型变量或函数
sizeof	获取某种类型的变量或数据所占内存的大小,是运算符

续表

关　键　字	含　　义
static	声明静态变量或函数
struct	声明结构体类型
switch	定义 switch 语句
typedef	为数据类型定义别名
union	声明共用体类型
unsigned	声明无符号的类型变量或函数
void	声明空类型指针,或声明函数没有返回值或无参数
volatile	变量的值可能在程序的外部被改变
while	定义 while 或 do-while 语句

附录C

运算符和结合性

运算符和结合性如表 C.1 所示。

表 C.1 运算符和结合性

优 先 级	运 算 符	名称或含义	结 合 方 向
1	[]	数组下标	左到右
	()	圆括号	
	.	成员选择(对象)	
	->	成员选择(指针)	
2	—	负号运算符	右到左
	(类型)	强制类型转换	
	++	自增运算符	
	——	自减运算符	
	*	取值运算符	
	&	取地址运算符	
	!	逻辑非运算符	
	~	按位取反运算符	
	sizeof	长度运算符	
3	/	除法运算符	左到右
	*	乘法运算符	
	%	取余运算符	
4	+	加法运算符	左到右
	—	减法运算符	
5	<<	左移运算符	左到右
	>>	右移运算符	
6	>	大于运算符	左到右
	>=	大于或等于运算符	
	<	小于运算符	
	<=	小于或等于运算符	

续表

优 先 级	运 算 符	名称或含义	结 合 方 向
7	==	等于运算符	左到右
	!=	不等于运算符	
8	&	按位与运算符	左到右
9	^	按位异或运算符	左到右
10	|	按位或运算符	左到右
11	&&	逻辑与运算符	左到右
12	||	逻辑或运算符	左到右
13	?:	条件运算符	右到左
14	=	赋值运算符	右到左
	/=	除赋值运算符	
	*=	乘赋值运算符	
	%=	求余赋值运算符	
	+=	加赋值运算符	
	-=	减赋值运算符	
	<<=	左移赋值运算符	
	>>=	右移赋值运算符	
	&=	按位与赋值运算符	
	^=	按位异或赋值运算符	
	|=	按位或后赋值运算符	
15	,	逗号运算符	左到右

参 考 文 献

[1] PRATA S. C Primer Plus[M]. 6 版. 北京：人民邮电出版社,2016.
[2] 谭浩强. C程序设计[M]. 5 版. 北京：清华大学出版社,2017.
[3] FOWLER M.重构改善既有代码的设计[M]. 2 版. 北京：人民邮电出版社,2015.
[4] HORTON I. C语言入门经典[M]. 5 版. 北京：清华大学出版社,2013.

图 书 资 源 支 持

感谢您一直以来对清华版图书的支持和爱护。为了配合本书的使用,本书提供配套的资源,有需求的读者请扫描下方的"书圈"微信公众号二维码,在图书专区下载,也可以拨打电话或发送电子邮件咨询。

如果您在使用本书的过程中遇到了什么问题,或者有相关图书出版计划,也请您发邮件告诉我们,以便我们更好地为您服务。

我们的联系方式:

地　　址:北京市海淀区双清路学研大厦 A 座 714

邮　　编:100084

电　　话:010-83470236　010-83470237

客服邮箱:2301891038@qq.com

QQ:2301891038(请写明您的单位和姓名)

资源下载:关注公众号"书圈"下载配套资源。

资源下载、样书申请

书圈

图书案例

清华计算机学堂

观看课程直播